JN246598

制御工学の基礎

足立修一 著

東京電機大学出版局

東京電機大学出版局

本書に登場する製品名やシステム名などは，一般に各開発会社の商標または登録商標です．本文中では基本的に Ⓡ や ™ などは省略しました．

まえがき

「制御」は，機械系，電気電子系，プロセス化学系，情報系，数理系，生命系など，理工学系のさまざまな学科で講義されている横断的な学問分野である．さらに，制御の重要な概念であるフィードバックは理工学系に留まらず，政治・経済学や社会学などの分野においても登場する．たとえば，PDCA サイクルでは，Plan（計画）→ Do（実行）→ Check（評価）→ Act（改善）というサイクルを繰り返すが，これもフィードバックの一例である．

「制御」はさまざまな階層から成り立っている．特に，現場では PID 制御（比例・積分・微分制御）という，最も基本的な階層に属する古典制御がよく使われている．本書ではこの古典制御を重点的に執筆した．古典制御の後に，現代制御，ロバスト制御，モデル予測制御，非線形制御など，より高度な階層に属する制御理論がつぎつぎと提案され，研究され，そして実用化されてきた．それらの高度な階層の制御を学ぶ準備として，1960 年初頭にカルマンが提案した現代制御で利用される状態空間表現についても本書では記述した．また，1980 年代初頭に提案されたロバスト制御の基礎となる $\mathcal{H}_\infty$ ノルム，スモールゲイン定理，感度関数，そして内部安定性などについて，古典制御の範囲で平易に導入した．

横断的であるがゆえに，制御工学は具体的な対象を限定しないユニークな工学分野である．そのため，表面的に見ると，制御では応用数学を用いた抽象的な内容が多く，退屈な内容に初学者は戸惑うかもしれない．しかし，スポーツにおける基礎トレーニングと同じで，制御の基礎をコツコツと習得することは非常に重要である．このような準備をしておけば，現実の世界でひとたび制御対象が決まれば，本書で学んだ制御工学は強力なツールになるだろう．しかも，ハードディスクの位置決め制御のようなナノオーダの世界から，超高層ビルの振動抑制制御のような大規模な世界まで，さまざまな対象に制御工学を適用することができる．

著者は宇都宮大学や慶應義塾大学などにおいて，25年以上，学部3年生対象科目である「制御工学」を担当している．長期間にわたって授業を担当しているが，毎年新しい発見があり，「制御」を専門としている喜びを感じている．ただし，講義だけでは一方通行的な情報伝達に陥りやすいので，本書では，読者（受講生）に問題をたくさん解いてもらいたいという思いから，授業中に出題したControl Quizをたくさん用意し，中間試験と期末試験という章も設けた．さらに，制御に興味を持っていただけるように，制御に関するコラムをいくつか準備した．

本書の構成は以下のとおりである．

まず，第1章では，基本的な力学系を例にとって制御工学の全体像を説明する．第2章では，古典制御における数学的準備として，複素数とラプラス変換を簡単にまとめる．

制御工学は，三つの要素から構成されている．すなわち，モデリング（模型化），アナリシス（解析），デザイン（設計）である．第3章以降は，この三つの流れに沿って構成されている．

まず，モデリングに関して第3章から第6章で解説する．第3章では線形時不変システムの基本であるたたみ込み積分を用いた時間領域における表現を，第4章では伝達関数を用いたs領域における表現を，第5章では周波数伝達関数を用いた周波数領域における表現を与える．これらの3章ではシステムの入出力関係に着目するのに対し，続く第6章では，システムの内部状態を導入した状態空間表現を与える．

ここまでの内容の理解をより深くするために，第7章に中間試験問題を用意した．

第8章では，制御系の二つの構成法である，フィードバック制御とフィードフォワード制御を与える．本書では，この中で主にフィードバック制御について解説する．

次に，制御対象や制御系の性質のアナリシス（解析）に関して，第9章から第12章で解説する．第9章では線形時不変システムの安定性について述べ，続く第10章ではフィードバックシステムの安定性について解説する．これらの安定性は，制御工学において最も重要な性質である．第11章では制御系の過渡特性について，第12章では制御系の定常特性について解説する．

最後に，制御系のデザイン（設計）について，第13章と第14章で解説する．第13章では制御系設計仕様を与え，第14章では古典制御理論によるコントローラの設計法を紹介する．そして，最後に，古典制御から現代制御への橋渡しを行う．

第15章は期末試験であり，本書の総まとめとしてさまざまな問題を用意した．

　さて，慶應義塾大学では授業をビデオ撮影し，その一部を YouTube の慶應義塾チャンネルの【理工学部講義】にアップしている．著者が担当する「制御工学」の授業についても，2013 年度の講義をすべて録画し，YouTube 上でどなたでも閲覧できるように公開している．通常の制御工学の授業を録画したものであるため，その品質（画像，授業内容，講師のレベルなど）は決して高いとは言えない．しかし，慶應義塾大学理工学部物理情報工学科3年生でなくても，本書を傍らに置き，このビデオを見ることが，制御工学を習得する助けになるかもしれない．ぜひ，本書とともにこのビデオも活用していただきたい．

　制御理論は非常に奥深い学問であり，浅学な著者がその全貌を語れるようなものではない．したがって，本書には著者の思い違いなどによる誤りが存在するかもしれない．それはすべて著者の力のなさによるものであり，ご指摘いただければ幸いである．

　本書をまとめるにあたり，さまざまな方のお世話になった．特に，足立研究室大学院生に「制御工学」の授業の TA（teaching assistant）を毎年お願いしており，彼らには Control Quiz の作成や解答例の作成などで大変お世話になった．ここに感謝いたします．本書を出版するにあたりご尽力いただいた吉田拓歩氏（東京電機大学出版局）に深く感謝いたします．

　2016 年 3 月

足立修一

目次

第1章　制御工学の全体像　1

1.1　制御から連想するものは？ 1

1.2　力学系の制御——フィードバック制御の概観 3

1.3　制御系設計の手順 15

　　　本章のポイント 19

　　　Control Quiz 19

第2章　複素数とラプラス変換　20

2.1　複素数 20

2.2　ラプラス変換 22

　　　本章のポイント 31

　　　Control Quiz 31

第3章　線形時不変システムの表現　33

3.1　重ね合わせの理と線形性 33

3.2　ステップ応答とインパルス応答 34

3.3　微分方程式による LTI システムの表現 38

　　　本章のポイント 39

　　　Control Quiz 39

第4章　伝達関数　40

4.1　伝達関数 40

4.2　基本要素の伝達関数 44

目次　v

| | 4.3 | ブロック線図 | 62 |

本章のポイント 72

Control Quiz 72

第5章　周波数伝達関数　74

5.1　周波数応答の原理と周波数伝達関数 74

5.2　周波数伝達関数の表現 82

5.3　基本要素の周波数伝達関数 86

5.4　周波数伝達関数の意味——ボード線図の読み方 101

5.5　システムの $\mathcal{H}_\infty$ ノルム 103

本章のポイント 105

Control Quiz 105

第6章　状態空間表現　106

6.1　LTI システムの状態空間表現 106

6.2　状態空間表現と伝達関数の関係 112

6.3　代数的に等価なシステム 115

6.4　状態方程式の解 117

6.5　基本演算素子を用いた状態空間表現の回路実現 121

本章のポイント 123

Control Quiz 123

第7章　中間試験　125

第8章　フィードバック制御とフィードフォワード制御　129

8.1　制御の目的 129

8.2　フィードフォワード制御 130

8.3　フィードバック制御 133

8.4　2自由度制御系 139

本章のポイント 141

Control Quiz 141

第9章　LTI システムの安定性　142

9.1　BIBO 安定 ……………………………………………………………… 142

9.2　インパルス応答表現の場合 …………………………………………… 143

9.3　伝達関数表現の場合 …………………………………………………… 144

9.4　状態空間表現の場合 …………………………………………………… 152

　　　本章のポイント ……………………………………………………… 152

　　　Control Quiz …………………………………………………………… 153

第10章　フィードバックシステムの安定性　155

10.1　フィードバックシステムの安定判別 ……………………………… 155

10.2　ナイキストの安定判別法 …………………………………………… 160

10.3　内部安定性 …………………………………………………………… 171

10.4　不安定システムの安定化 …………………………………………… 173

10.5　安定余裕 ……………………………………………………………… 174

　　　本章のポイント ……………………………………………………… 177

　　　Control Quiz …………………………………………………………… 178

第11章　制御系の過渡特性　179

11.1　時間領域における過渡特性の評価 ………………………………… 179

11.2　s 領域における過渡特性の評価 …………………………………… 182

11.3　周波数領域における過渡特性の評価 ……………………………… 188

11.4　根軌跡 ………………………………………………………………… 193

　　　本章のポイント ……………………………………………………… 196

　　　Control Quiz …………………………………………………………… 196

第12章　制御系の定常特性　197

12.1　定常偏差 ……………………………………………………………… 197

12.2　目標値に対する定常特性の評価 …………………………………… 198

12.3　外乱に対する定常特性の評価 ……………………………………… 204

12.4　内部モデル原理 ……………………………………………………… 206

本章のポイント 208

Control Quiz 209

第13章 制御系設計仕様　210

13.1 開ループ特性に対する設計仕様 210

13.2 閉ループ特性に対する設計仕様 212

本章のポイント 215

Control Quiz 215

第14章 古典制御理論による制御系設計　216

14.1 直列補償 216

14.2 ループ整形法による制御系設計 221

14.3 PID 制御 231

14.4 フィードバック補償 239

14.5 古典制御から現代制御へ 245

本章のポイント 249

Control Quiz 249

第15章 期末試験　251

付録A　Control Quiz の解答　259

付録B　中間試験の解答　268

付録C　期末試験の解答　272

付録D　参考文献　279

索引　281

viii 目次

コラム

- ❏ 制御の始まり：ワットの調速機 18
- ❏ ボード（Hendrik W. Bode）（1905〜1982） 85
- ❏ カルマン（Rudolf E. Kalman）（1930〜） 110
- ❏ フィードバックの誕生 135
- ❏ ラウスとマクスウェル：ケンブリッジ大学の同級生 154
- ❏ 制御工学の簡単な歴史 214

第1章 制御工学の全体像

　本章では，制御工学の全体像について，基本的な力学系（物理システム）を例にとって説明する．本章の目的は，高等学校までに学ぶ初等的な数学を使って直観的に制御系設計について理解することである．そのため，制御の専門用語の厳密な定義を与えることなしに議論を進めていくので，理解が難しい部分については流し読みしてもかまわない．続く第2章以降で詳細な説明を与えていく．

1.1　制御から連想するものは？

　まず，**制御**あるいは**コントロール**（control）という単語を聞いて，読者は何をイメージするだろうか？　予想される回答をいくつか列挙してみよう．

- 理工学（技術）分野
  - ◇ 人工衛星やロケットの姿勢制御，軌道制御
  - ◇ 自動車のエンジン制御，電気自動車のモータ制御，充電池の制御
  - ◇ 二足歩行ロボットの制御，ロボットマニピュレータの制御
  - ◇ 原子力発電所の制御棒
  - ◇ スマートグリッド（電力網）の制御
  - ◇ コンピュータ制御，電子制御，ファジィ制御
- スポーツ分野
  - ◇ あのサッカー選手のボールコントロールはすごい！
  - ◇ あのピッチャーはコントロール（制球力）が良い
- 日常生活
  - ◇ 自転車を倒れないように運転する
  - ◇ 目的地まで自動車を運転する

⋄ エアコンで部屋の温度を制御する

このように，本書で学ぶ「制御」は，理工学分野だけでなく，それ以外の分野においても幅広く使われている非常に一般的な用語である．

まず，「制御」の辞書的な定義を与えておこう．

> ✣ Point 1.1 ✣　制御とは
>
> 注目している対象物に属する注目している動作が，何らかの目標とする動作になるように，その対象物に操作を加えること．

技術試験衛星 VI 型 ⓒJAXA

ジェットエンジン ⓒIHI

火星飛行機 ⓒJAXA

石油プラント
ⓒROSLAN RAHMAN/AFP

洋上風力発電
ⓒTOBIAS SCHWARZ/AFP

電気自動車 リーフ ⓒ日産自動車

コピー機 ⓒリコー

立体音響 ⓒNHK

二足歩行ロボット

レジェンド ⓒHONDA

図1.1　制御の幅広い応用分野

この定義に基づけば，たとえば，

- 自動車の速度を 80 km/h に保つように運転すること
- 二足歩行ロボットを倒れないように歩かせること
- 部屋の温度が 26°C になるようにエアコンをかけること

などはすべて制御であることが理解できるだろう．

　工学の分野における制御の応用分野の例を図 1.1 に示す．これは産業製品への応用例の一部であり，これ以外のさまざまな分野でも制御工学は応用されている．

1.2　力学系の制御——フィードバック制御の概観

　制御系設計の基本的な手順は，制御対象のモデリング，アナリシス（解析），フィードバック制御系のデザイン（設計）からなる．これを図 1.2 に示す．この手順に沿って，図 1.3 に示すような，滑らかな床の上に置かれた質点の並進運動を制御する問題を考えよう．

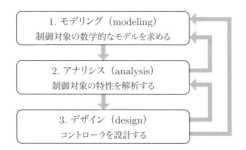

図 1.2　制御系設計の基本的な手順

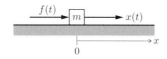

図 1.3　質点の並進運動

1.2.1 制御対象のモデリング

[1] ニュートンの運動方程式

図1.3において，質量 m の質点に力 $f(t)$ を加えたとき，微分方程式

$$m\frac{\mathrm{d}^2 x(t)}{\mathrm{d}t^2} = f(t) \tag{1.1}$$

が成り立つ．ただし，$x(t)$ は質点の位置（変位）であり，t は時間である．この式は，(質量)×(加速度)=(力) を表し，**ニュートンの運動方程式**（第2法則）としてよく知られている．

いま，力と位置はともに時間の関数であるので，この微分方程式は質点の時間的な振る舞いを記述している．このような時間的な振る舞いのことを**ダイナミクス**（dynamics）といい，ダイナミクスは機械や物理の世界では**動力学**，電気の世界では**動特性**と訳されている．対象の振る舞いを微分方程式で記述することがモデリングの第1段階である．

いま，微分方程式 (1.1) において，力 $f(t)$ を入力，位置 $x(t)$ を出力とすると，図1.4が得られる．このような図を制御工学では**ブロック線図**と呼ぶ．図において，矢印は**信号**を表し，箱は**システム**を表す．ここで，システムとは，与えられた信号に対して何らかの処理を施すものである．あるいは，入力信号を出力信号に写像するものである．この例では，力が入力信号，位置が出力信号である．

ここでは物理システムを対象としたが，電気回路も同様に対象と考えることができ，そのときには，図1.5に示すように，たとえば入力は電圧，出力は電流になる．このように，ブロック線図を用いれば，さまざまな対象を統一的に取り扱うことが

図1.4 ニュートンの運動方程式の入出力表現

図1.5 電気回路の入出力表現の例

でき，このことは制御工学において重要である．ひとたび実際の制御対象をブロック線図で表現できれば，そこは力学や電気などの世界ではなく，制御工学の世界であり，巨大な建築構造物の制振制御から，ナノオーダのハードディスクのヘッドの位置決め制御まで，同じように取り扱うことができる．これが制御工学の大きな強みである．

さて，さまざまな微分方程式の解法があるが，その中にラプラス変換を用いた方法がある．初期値を 0 として式 (1.1) をラプラス変換すると，

$$ms^2 x(s) = f(s) \tag{1.2}$$

が得られる．ただし，ラプラス変換の s は

$$s = \sigma + j\omega \tag{1.3}$$

で与えられる複素数であり，その虚部 ω は**角周波数**[1]を表す．ここで重要な点は，ラプラス変換を用いると，高校生（あるいは大学生）にならないと勉強しない微分方程式を，中学生でも理解できる代数方程式（この例では 2 次方程式）に変換できることである．

式 (1.2) は，次式のように変形できる．

$$x(s) = \frac{1}{ms^2} f(s) \tag{1.4}$$

この式をブロック線図で表したものが図 1.6 である．ここで，

$$G(s) = \frac{x(s)}{f(s)} = \frac{1}{ms^2} \tag{1.5}$$

をシステムの入力から出力までの**伝達関数**という．これは，制御工学では非常に重要なシステムの表現である．

図 1.6　ニュートンの運動方程式の伝達関数表現

---

[1] 以下では，角周波数のことを単に「周波数」と呼ぶこともある．

以上のように，対象のダイナミクスを微分方程式や伝達関数のような数式で記述する作業を，制御対象の**モデリング**と呼ぶ．自然界に存在するシステムの最も一般的なモデルが微分方程式であり，それを制御工学で利用しやすいように変換したものが伝達関数である．

[2] バネ・マス・ダンパシステム

ニュートンの運動方程式をより現実的なものに拡張した**バネ・マス・ダンパシステム**について考えよう（図1.7）．図において，**マス**は質量 m の質点，**ダンパ**は粘性摩擦係数 c の減衰器であり，**バネ**のバネ定数を k とする．

バネ・マス・ダンパシステムにおける質点の運動は，微分方程式

$$m\frac{\mathrm{d}^2 x(t)}{\mathrm{d}t^2} + c\frac{\mathrm{d}x(t)}{\mathrm{d}t} + kx(t) = f(t) \tag{1.6}$$

で記述される．この式において，$c = k = 0$ とおけば式 (1.1) のニュートンの運動方程式が得られ，$m = c = 0$ とおけば，よく知られたフックの法則になる．

初期値を 0 として式 (1.6) をラプラス変換すると，

$$(ms^2 + cs + k)x(s) = f(s)$$

が得られ，これより $x(s)$ は次式のように表される．

$$x(s) = \frac{1}{ms^2 + cs + k} f(s)$$

したがって，バネ・マス・ダンパシステムの入力（力）から出力（位置）までの伝達関数は，次式で与えられる．

$$G(s) = \frac{x(s)}{f(s)} = \frac{1}{ms^2 + cs + k} \tag{1.7}$$

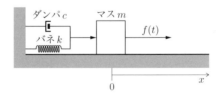

図1.7　バネ・マス・ダンパシステム

図 1.8 にバネ・マス・ダンパシステムのブロック線図を示す．

さて，物理の世界のバネ・マス・ダンパシステムに対応する電気回路は，図 1.9 に示す RLC 回路である．ここで，R は抵抗，L はインダクタ，C はキャパシタを表す．図においてキャパシタの電荷を $q(t)$ とすると，キルヒホッフの電圧則より，微分方程式

$$L\frac{\mathrm{d}^2 q(t)}{\mathrm{d}t^2} + R\frac{\mathrm{d}q(t)}{\mathrm{d}t} + \frac{1}{C}q(t) = v(t) \tag{1.8}$$

が成り立つ．ただし，$v(t)$ は印加電圧である．また，電流 $i(t)$ は

$$i(t) = \frac{\mathrm{d}q(t)}{\mathrm{d}t} \tag{1.9}$$

より計算される．この場合，ラプラス変換を用いると，

$$q(s) = \frac{1}{Ls^2 + Rs + 1/C}v(s)$$

が得られる．これを図 1.10 に示す．

式 (1.8) を式 (1.6) と比較すると，ともに同じ形式の 2 階微分方程式であり，

$$m = L, \quad c = R, \quad k = \frac{1}{C} \tag{1.10}$$

の対応関係があることがわかる．この対応関係を，物理システムと電気回路の**アナロジー**（analogy）という．また，この二つの例だけでなく，重要な物理法則は 2 階微分方程式で記述されることが多い．

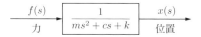

図 1.8　バネ・マス・ダンパシステムの入出力表現

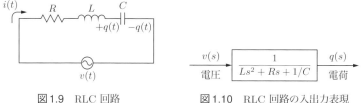

図 1.9　RLC 回路　　　　図 1.10　RLC 回路の入出力表現

1.2.2 制御対象の解析

まず，微分方程式 (1.1) で記述されたニュートンの運動方程式の意味について考えよう．たとえば，この物理システムに一定の力（制御ではこれを**ステップ入力**という）f を加えると，加速度は一定値をとる．すなわち，**等加速度運動**である．すると，加速度の積分である速度は常に増加（あるいは減少）し続け，さらには，速度の積分である変位は常に増加（あるいは減少）し続けてしまうことになる．これより，ステップ入力に対する変位の応答（これを**ステップ応答**という）は有限な範囲に留まらず，発散してしまう．制御工学では，このようなシステムは**不安定**であると言われる．それでは，どのようにしてシステムが安定かどうかを調べたらよいのだろうか？

いま，伝達関数の分母多項式を 0 とした方程式（これは**特性方程式**と呼ばれる）の根を**極**と呼ぶ．式 (1.5) のニュートンの運動方程式では，

$$ms^2 = 0 \tag{1.11}$$

の根，すなわち $s=0$（重根）が極である．いま，s は複素数なので，実部と虚部からなる複素平面（s **平面**と呼ばれる）上に極をプロットすると，図 1.11 が得られる．

本書の次章以降で，安定性の詳細な理論を学んでいくが，その結果だけをここで述べておこう．図 1.12 に示すように，すべての極が s 平面の左側（**左半平面**と呼ばれる）に存在する（ただし，虚軸は含まない）ときに限り，システムは安定であることが知られている．今考えている物理システムの極はちょうど虚軸上の原点に存在するため，このシステムは不安定である．

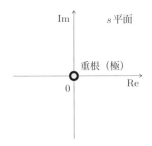

図 1.11 複素平面上に極をプロットする（ニュートンの運動方程式）

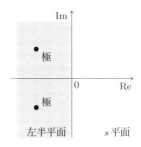

図 1.12　システムが安定であるための極の位置の条件

次に，式 (1.7) で伝達関数が与えられるバネ・マス・ダンパシステムの安定性について考えよう．このシステムの特性方程式は，

$$ms^2 + cs + k = 0 \tag{1.12}$$

となるので，この 2 次方程式を解くと，次の極が得られる．

$$s = \frac{-c \pm \sqrt{c^2 - 4mk}}{2m} \tag{1.13}$$

ここで，m, c, k はすべて非負の物理定数であることに注意しよう．この場合の二つの極は，式 (1.13) の平方根の中の符号により，二つの実根，重根，複素共役根，純虚根に分類される．次章以降でこの四つの分類の重要性について学んでいくが，$c^2 - 4mk < 0$ の場合，すなわち複素共役根の場合についてここで考えてみよう．このとき，二つの極は

$$s = \frac{-c \pm j\sqrt{4mk - c^2}}{2m} \tag{1.14}$$

となる．ただし，$j = \sqrt{-1}$ である．これを複素平面上にプロットすると，図 1.13 が得られる．図より明らかなように，バネ・マス・ダンパシステムにおける極は，左半平面に存在するため，このシステムは安定である．物理的には，このシステムにはバネと減衰（摩擦）の項が入ったため，たとえばステップ入力を加えても，発散することなく，ある値に落ち着くことを意味している．

バネ・マス・ダンパシステムにおいて，もしも減衰項がなかったら，すなわち $c = 0$ だったら，どうなるだろうか？　このときの伝達関数は，

$$G(s) = \frac{1}{ms^2 + k} \tag{1.15}$$

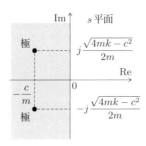

図1.13　バネ・マス・ダンパシステムは安定である

なので，極は，

$$s = j\sqrt{\frac{k}{m}} = j\omega_n \tag{1.16}$$

となる．このときの極の位置を図1.14に示す．図より明らかなように，二つの極は虚軸（これは周波数軸とも呼ばれる）上に存在するため，このシステムは安定ではない．

式 (1.16) において，ω_n は

$$\omega_n = \sqrt{\frac{k}{m}} \tag{1.17}$$

で与えられ，**固有角周波数**あるいは共振角周波数と呼ばれる．これは高校物理で学習した単振動

$$x(t) = \sin \omega_n t \tag{1.18}$$

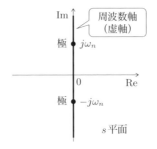

図1.14　減衰項がないときの極の位置

の振動数[2]である．単振動の時間波形を図 1.15 に示す．図より，この場合には，時間とともに $x(t)$ は無限大に発散していないが，0 に収束してもいない．そのため，これを制御工学では**安定限界**と呼ぶ．安定限界は，厳密には不安定な状態である．直観的には，これは減衰項がないためブレーキ（制動力）が効かない状況に対応する．

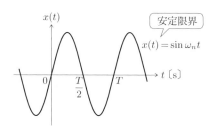

図 1.15　単振動の時間波形

1.2.3　制御系の設計

前項において，式 (1.1) のニュートンの運動方程式で記述される質点は不安定であることがわかった．そこで，**フィードバック制御**（feedback control）という方法を用いて安定化することを考える．これは，たとえばそのままでは不安定で倒れてしまう自転車を，人間というコントローラがペダルを上手に漕ぐことによって倒れないようにする（すなわち安定化する）状況に対応する．

[1] 位置フィードバック

まず，質点の位置をセンサで計測し，それをフィードバックしてみよう．そのときのフィードバック制御系の構成を図 1.16 に示す．

図において，目標とする位置を r とし，それと実際の位置 x の差（**偏差**と呼ぶ）を e とおく．すなわち，

$$e = r - x \tag{1.19}$$

とする．図において，位置を目標値のところまで戻しているので，「フィードバック」

---

[2]. 物理学では「振動数」といい，制御工学や電気などの工学では「周波数」というが，英語では "frequency" という同じ単語である．

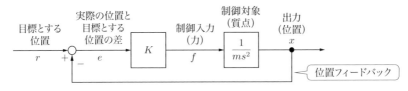

図 1.16 位置フィードバック

という用語が用いられている．また，コントローラとして，偏差の大きさを K でスカラ倍する**比例コントローラ**を用いている．すなわち，

$$f = K(r - x) = Ke \tag{1.20}$$

である．制御系が正しく設計されていれば，目標とする位置と実際の位置は一致するはずなので，$e = 0$ になる．しかし，実際には外乱や雑音などの影響により一致しないので，偏差の大きさに比例して制御入力の大きさを決定しようとする．これが，この比例コントローラの考え方である．比例コントローラは，フィードバック制御の最も単純なコントローラである．このとき，K は制御の強さを決めるパラメータであり，ボリュームのつまみのようなものをイメージすればよい．K の大きさを大きくすればするほど制御の効きは良くなるが，その一方で，安定性が損なわれやすくなるという問題点も生じる．このような相反する関係はトレードオフと呼ばれ，制御系設計における重要な問題の一つである．

図 1.16 より，次式が得られる．

$$x = \frac{1}{ms^2}f = \frac{K}{ms^2}e \tag{1.21}$$

この式に式 (1.19) を代入し，x について解くと，

$$x = \frac{K}{ms^2 + K}r \tag{1.22}$$

が得られる．これより目標値 r から位置 x までの伝達関数は

$$W(s) = \frac{x}{r} = \frac{K}{ms^2 + K} \tag{1.23}$$

となり，これはフィードバックループを閉じた状態での伝達関数なので，**閉ループ伝達関数**と呼ばれる．これより，図 1.16 の位置フィードバック制御系は図 1.17 のように変形できる．

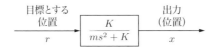

図1.17 位置フィードバックによる閉ループシステム

式 (1.23) より,このときの極は,

$$s = \pm j\sqrt{\frac{K}{m}} \tag{1.24}$$

であり,依然として不安定であるが,位置フィードバックにより原点に存在していた2重極を虚軸上へ移動することができた.このように,s 平面上で極の位置を移動できることが,フィードバックの効果である.

[2] 速度フィードバック

次に,質点の速度をセンサにより計測できるものと仮定し,図1.18に示すように,位置フィードバックだけでなく速度情報をフィードバックしよう.図より,制御入力は次式で与えられる.

$$f(t) = Ke(t) - C\dot{x}(t) = K\{r(t) - x(t)\} - C\dot{x}(t) \tag{1.25}$$

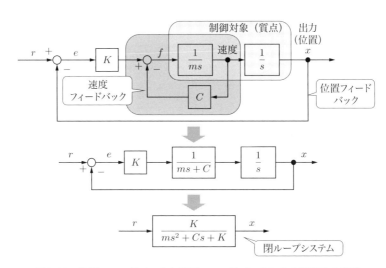

図1.18 位置フィードバックと速度フィードバックによる制御系の構成

ここで，$\dot{x}(t)$ は $x(t)$ の時間微分である．位置フィードバックのときと同様にブロック線図を簡単化していくと，図中に示したように，最終的に閉ループ伝達関数は

$$W(s) = \frac{x}{r} = \frac{K}{ms^2 + Cs + K} \tag{1.26}$$

となる．このとき，二つの極は

$$s = \frac{-C \pm j\sqrt{4mK - C^2}}{2m} \tag{1.27}$$

となり，左半平面内に存在するので，安定である．ここでも極は複素共役根であると仮定したが，それ以外の場合でも必ず二つの極は左半平面内に存在する．

　以上で示したように，もともと不安定であった質点の運動に対して，位置フィードバックと速度フィードバックを施すことによって，安定にすることができた．位置・速度フィードバックによる極の移動の様子を図1.19に示す．不安定な制御対象を安定化できるということは，フィードバック制御の特徴である．

　以上，物理システムを例にとって，基本的な制御系設計法の手順を示した．

　さて，通常われわれが制御する対象は，物理システムに代表される，第一原理（物理・化学法則）に従うシステムである．そのような**物理の世界**（physical world）の制御系を設計するためには，対象のモデリング，アナリシス，そしてコントローラのデザインを仮想的な世界（紙と鉛筆とコンピュータの世界）で行うことになる．この仮想的な世界を**情報の世界**（cyber world）と呼ぶことにする．このように，モデリング，アナリシス，デザインを行う制御工学は，物理の世界と情報の世界を結び付

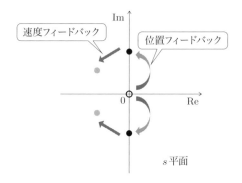

図1.19　位置・速度フィードバックによる極の移動

ける重要な工学である（図1.20）．

ダイナミクスを持つ対象であれば，どんなものにも制御工学を適用することが可能である．機械工学，電気工学，化学工学など，具体的な対象に対する学問体系を「縦型の工学」と名付けるならば，制御工学はそれらを結ぶ「横型の工学」である．横型の工学には，制御工学のほかに，システム工学，計測工学などがある．大学で一般的に教育されている電気回路，電磁気学，流体力学などの縦型の工学は自然科学に基礎を持つが，制御工学などの横型の工学は，自然科学に基礎を持たないことが特徴である．

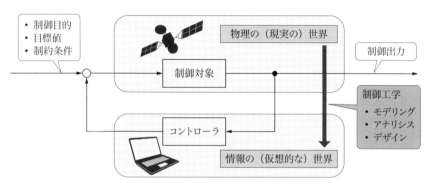

図1.20　物理の世界と情報の世界

1.3　制御系設計の手順

本節では，制御系設計（control systems design）の基本的な手順を説明する．これを次のPoint 1.2にまとめる．Point 1.2から明らかなように，制御系設計は基本的にStep 1からStep 8までの幅広い項目から構成される．これまで制御系設計はStep 5「コントローラの設計」の中の**制御則の設計**として認識されることが多かったが，実際はより広い範囲が含まれ，制御工学者はそれ以外のステップについて十分理解しておくべきである．しかし，本書は制御工学の入門書なので，これらすべてのステップにわたっては説明せず，Step 2～5の内容に話題を限定する．

16   第1章   制御工学の全体像

❖ Point 1.2 ❖   制御系設計の基本的な手順

❏ 情報の世界

Step 1   構造設計（structure design）
制御入力を発生させるアクチュエータと制御出力信号を計測するセンサ
を選定し，それらの配置を決定する．

Step 2   制御対象のモデリング（modeling）
制御対象の数学モデルを構築し，必要なら得られたモデルを簡略化する．

Step 3   制御対象の解析（analysis）
Step 2で得られたモデルを解析し，制御対象の性質を調べる．

Step 4   制御性能仕様（control performance specification）の決定
設計する制御系に要求する制御性能を，仕様として定量的に記述する．

Step 5   コントローラの設計（design）
　　　1. 用いるコントローラの構造を決定する．
　　　2. 制御性能仕様を満たすように，コントローラの制御パラメータを調
　　　　整する．これは制御則の設計とも呼ばれる．
仕様を満たすコントローラが設計できなければ，
　　　1. 制御性能仕様を修正する．
　　　2. 用いるコントローラの構造を変更する．
仕様を満たすコントローラが設計できれば，次に進む．

❏ 物理の世界

Step 6   設計結果の検証（validation）
計算機あるいはパイロットプラントを用いて，設計した制御系をシミュ
レーションし，制御性能を調べる．

Step 7   コントローラの実装（implementation）
制御用ソフトウェアとハードウェアを選定し，設計したコントローラを
実装する．

Step 8   現場調整（tuning）
必要があれば，コントローラの制御パラメータを現場で調整（チューニ
ング）する．

Point 1.2 の内容を見ていこう.

まず, Step 1「構造設計」では, アクチュエータ, センサなどのハードウェアの選定と配置を行う. これらの配置と制御性能とは密接に関連しており, アクチュエータ, センサの最適配置問題としても知られている. 従来の制御系設計では, これらの構造があらかじめ決まってしまっている場合がよくあり, 限定された構造のもとで制御系設計を行わなければならないことが多かった. しかし, 制御の観点から構造設計を考えることも非常に重要であり, 構造と制御の同時設計は重要な研究テーマである.

Step 2「制御対象のモデリング」とは, 制御対象の**数学モデル** (mathematical model), たとえば, インパルス応答, 伝達関数, 周波数伝達関数, 状態方程式を構築することである. 制御系設計のためのモデリングの方法は, **第一原理モデリング** (first principle modeling)[3]と**システム同定** (system identification) に大別される. 第一原理モデリングとは, 制御対象の第一原理 (たとえば, 運動方程式, 回路方程式, 電磁界方程式などの物理法則, 化学反応式などの化学法則) に基づいて数学モデルを導出する方法であり, ロボットなどの**メカトロニクス**の分野などで多用される. それに対して, システム同定は, 制御対象に適当な入力信号を印加し, その応答データを計測し, それらの入出力信号から統計的な手法で数学モデルを構築する方法である. 本書では, この二つのモデリングの方法論については触れず, 基本的な数学モデルについてのみ説明する.

Step 3「制御対象の解析」とは, 制御系の安定性, 制御系の過渡特性, そして制御系の定常特性などを調べることであり, これらについては本書で詳しく説明する.

Step 4「制御性能仕様の決定」とは, 構成したい制御系の特性を具体的な数値で与えることである. たとえば, 「応答の速い制御系を構成したい」という定性的な表現ではなく, 「1秒以内に目標値の63.2 % に達する制御系を構成したい」というような定量的な表現で制御性能仕様を与える. このとき, 制御系の特性を表す量は Step 3 で定義される.

Step 5「コントローラの設計」は, 制御系設計の主目的である. 代表的なコントローラの設計法として,

(1) 古典制御理論 (PID 制御, 位相進み遅れ補償など)

---

[3] 物理モデリングと呼ばれることも多い.

(2) 現代制御理論（最適レギュレータ，極配置法など）

(3) ポスト現代制御理論（$\mathcal{H}_\infty$ 制御など）

に基づく方法などがある．本書では，主に古典制御理論に基づく方法を紹介する．

Step 6「設計結果の検証」，Step 7「コントローラの実装」，そして Step 8「現場調

コラム1 ── 制御の始まり：ワットの調速機

18世紀後半，ジェームス・ワット（James Watt）（1736〜1819）の蒸気機関は産業革命に大きな影響を与えた．蒸気からエネルギーを取り出そうと考える人はそれまでにもいたが，ワットは，ガバナ（調速機）と呼ばれる装置を蒸気機関に取り付けることによって，蒸気機関から安定してエネルギーを取り出すことに成功し，蒸気機関の実用化に貢献した．

下図に示すように，ガバナは，回転する軸のまわりの二つの重りが遠心力により上に持ち上がることを利用する．重りは，遠心力と重力がつり合った位置で保たれる．そして，重りが上に持ち上がるに従って，シリンダへ蒸気を導くバルブを閉じる方向に作用する仕組みを作っておく．蒸気機関の出力が上がり回転が速くなると重りは上に上がるが，ガバナの仕組みによってバルブは閉じる方向に動き，出力が抑えられる．逆に，出力が下がると重りが戻り，バルブは開く方向に動き，出力が上がる．これはまさに，本書でこれから学習するフィードバック制御の考え方であり，これにより蒸気機関の出力を一定に保つことができる．

ワットのガバナは機械的なフィードバック制御装置であり，歴史的にこれが最初の制御のハードウェアである．制御工学は産業革命とともに始まった．

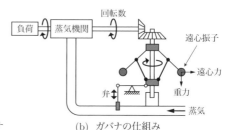

(a) ロンドン科学博物館のワットのガバナ　　(b) ガバナの仕組み

整」は，制御理論の実用化の観点からは非常に重要な項目であるが，本書では説明を省略する．

本章のポイント

▼ 力学系のフィードバック制御の例を通して，制御工学の全体像を理解すること．
▼ 制御系設計の手順を知ることにより，本書で学ぶ内容を明確にすること．

Control Quiz

1.1 これまで学んできたものの中から制御対象になりうるシステムを選び，それに対するフィードバック制御系のブロック線図を描きなさい．

1.2 図1.21のブロック線図を変換して，図中の $L(s)$ と $W(s)$ を求めなさい．

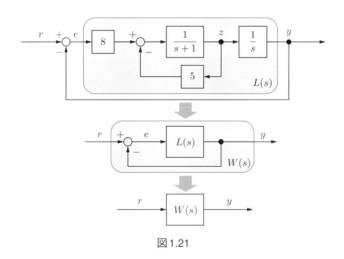

図1.21

第2章 複素数とラプラス変換

本章では，制御工学を学ぶ上で重要な数学のツールである，複素数とラプラス変換について簡単にまとめる．対象のダイナミクスに起因する過渡現象を扱う制御工学では，電気回路の場合と同じように，ラプラス変換は必須ツールである．なお，すでに複素数とラプラス変換を学習した読者は，復習のために例題と Control Quiz を解けば十分であろう．

2.1 複素数

複素数（complex number）は

$$z = x + jy \tag{2.1}$$

と表される．ただし，$j = \sqrt{-1}$ は虚数単位である．ここで，x を z の実部，y を z の虚部といい，

$$x = \mathrm{Re}(z), \qquad y = \mathrm{Im}(z)$$

と表記する．このように，点 (x, y) によって複素数を表現することを**直交座標表現**という（図2.1）．図において，横軸を実軸，縦軸を虚軸と呼ぶ．

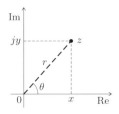

図 2.1　複素平面（直交座標と極座標）

直交座標表現に対して，**極座標表現**

$$x = r\cos\theta, \qquad y = r\sin\theta$$

を用いると，複素数 z は次式のように表される．

$$z = r(\cos\theta + j\sin\theta) = re^{j\theta} \tag{2.2}$$

ここで，**オイラーの関係式**

$$e^{j\theta} = \cos\theta + j\sin\theta \tag{2.3}$$

を用いた．式 (2.2) 中の r を z の**絶対値**（原点からの距離）と呼び，$|z|$ で表す．また，θ は実軸となす角度（反時計方向を正とする）であり，これを z の**位相**（phase）と呼び，$\angle z$ あるいは $\arg z$ と書く．図 2.1 より，次の関係式が成り立つ．

$$r = |z| = \sqrt{x^2 + y^2}, \qquad \theta = \angle z = \arg z = \arctan\frac{y}{x} \tag{2.4}$$

複素数 $z = x + jy$ に対して複素平面の実軸に関して対称な位置にある複素数 $\bar{z} = x - jy$ を**共役複素数**と呼ぶ．このとき，次式が成り立つ．

$$z + \bar{z} = 2\,\mathrm{Re}(z), \quad z - \bar{z} = j2\,\mathrm{Im}(z), \quad z \cdot \bar{z} = |z|^2 \tag{2.5}$$

例題 2.1

(1) 複素数 $z_1 = 1 - j\sqrt{3}$ を極座標表現しなさい．

(2) 複素数 $z_2 = 3\sqrt{2}e^{j\pi/4}$ を直交座標表現しなさい．

解答

(1) $r = \sqrt{1+3} = 2$, $\theta = \arctan(-\sqrt{3}) = -\pi/3$ より，$z_1 = 2e^{-j\pi/3}$.

(2) $z_2 = 3\sqrt{2}e^{j\pi/4} = 3\sqrt{2}(\cos\pi/4 + j\sin\pi/4) = 3 + j3$. ∎

例題 2.2

二つの複素数 $z_1 = 1 + j$, $z_2 = j$ を極座標表現し，それらの積 $z_1 z_2$ と商 z_1/z_2 を計算しなさい．

22   第2章 複素数とラプラス変換

解答　$z_1 = \sqrt{2}e^{j\pi/4}$, $z_2 = e^{j\pi/2}$ なので,

$$z_1 z_2 = \sqrt{2}e^{j\pi/4}e^{j\pi/2} = \sqrt{2}e^{j3\pi/4}, \qquad \frac{z_1}{z_2} = \frac{\sqrt{2}e^{j\pi/4}}{e^{j\pi/2}} = \sqrt{2}e^{-j\pi/4}$$

となる.　　　　　　　　　　　　　　　　　　　　　　　　　　　■

　この例題より, 極座標表現は複素数の乗算や除算に適した表現であることがわかる. 一方, 直交座標表現は加減算に適した表現である.

2.2　ラプラス変換

2.2.1　ラプラス変換の定義と性質

　まず, ラプラス変換と逆ラプラス変換の定義を与えよう.

❖ Point 2.1 ❖　ラプラス変換と逆ラプラス変換

　負の時間で値 0 をとる**因果信号** $x(t)$ の**ラプラス変換**（Laplace transform）を次式で定義する.

$$X(s) = \mathcal{L}[x(t)] = \int_0^\infty x(t)e^{-st}\mathrm{d}t \tag{2.6}$$

ここで, $\mathcal{L}[\cdot]$ はラプラス変換を表し, s $(= \sigma + j\omega)$ は複素数である. このとき, $x(t)$ と $X(s)$ をラプラス変換対という.

　一方, $X(s)$ の逆ラプラス変換の定義を以下に与える.

$$x(t) = \mathcal{L}^{-1}[X(s)] = \frac{1}{2\pi j}\int_{c-j\infty}^{c+j\infty} X(s)e^{st}\mathrm{d}s, \quad t > 0 \tag{2.7}$$

ただし, c は実定数である. 実際には逆ラプラス変換は式 (2.7) ではなく, 後述する部分分数展開を用いて計算される.

　次に, 制御工学で重要となる基本的な信号とそれらのラプラス変換を, 以下に示そう.

(a) 単位インパルス信号

次の性質を持つ信号 $\delta(t)$ を単位インパルス信号,あるいはディラックの**デルタ関数**（**δ 関数**）と呼ぶ（図2.2 (a)）.

❖ **Point 2.2** ❖　　**単位インパルス信号 $\delta(t)$ の性質**

性質(1)　　$\delta(t)$ は時刻 0 で無限大の大きさを持ち,それ以外では値 0 をとる.

$$\delta(t) = \begin{cases} \infty, & t = 0 \\ 0, & t \neq 0 \end{cases}$$

性質(2)　　$\delta(t)$ を全時刻にわたって積分すると 1 になる.

$$\int_{-\infty}^{\infty} \delta(t)\,\mathrm{d}t = 1$$

性質(3)　　任意の信号 $f(t)$ に対して次式が成り立つ.

$$\int_{-\infty}^{\infty} f(t)\delta(t-a)\,\mathrm{d}t = f(a) \tag{2.8}$$

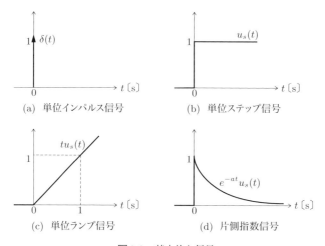

図2.2　基本的な信号

24 第2章 複素数とラプラス変換

$\delta(t)$ のラプラス変換は，式 (2.6), (2.8) より，

$$\mathcal{L}[\delta(t)] = \int_0^\infty \delta(t)e^{-st}\mathrm{d}t = e^{-s\cdot 0} = 1 \tag{2.9}$$

となる．ただし，式 (2.8) で $f(t) = e^{-st}$, $a = 0$ とおいた．

(b) 単位ステップ信号

単位ステップ信号 $u_s(t)$ を次式で定義する（図 2.2 (b)）．

$$u_s(t) = \begin{cases} 1, & t \geq 0 \\ 0, & t < 0 \end{cases} \tag{2.10}$$

このとき，$u_s(t)$ のラプラス変換は次式のように計算できる．

$$\mathcal{L}[u_s(t)] = \int_0^\infty u_s(t)e^{-st}\mathrm{d}t = \int_0^\infty e^{-st}\mathrm{d}t = \frac{1}{s} \tag{2.11}$$

(c) 単位ランプ信号

単位ランプ信号 $tu_s(t)$ を次式で定義する（図 2.2 (c)）．

$$tu_s(t) = \begin{cases} t, & t \geq 0 \\ 0, & t < 0 \end{cases} \tag{2.12}$$

この信号のラプラス変換は，部分積分を利用することにより，次式のように計算できる．

$$\mathcal{L}[tu_s(t)] = \int_0^\infty tu_s(t)e^{-st}\mathrm{d}t = \left[-\frac{te^{-st}}{s}\right]_0^\infty + \frac{1}{s}\int_0^\infty e^{-st}\mathrm{d}t = \frac{1}{s^2} \tag{2.13}$$

(d) 片側指数信号

図 2.2 (d) に示した片側指数信号 $e^{-at}u_s(t)$ のラプラス変換は，

$$\mathcal{L}[e^{-at}u_s(t)] = \int_0^\infty e^{-at}e^{-st}\mathrm{d}t = \frac{1}{s+a} \tag{2.14}$$

となる．

(e) 片側正弦波信号

オイラーの関係式より，

$$\sin \omega t = \frac{1}{2j}(e^{j\omega t} - e^{-j\omega t}) \tag{2.15}$$

が得られる．これより，片側正弦波信号 $\sin \omega t\, u_s(t)$ のラプラス変換は，次のように計算できる．

$$\begin{aligned}
\mathcal{L}[\sin \omega t\, u_s(t)] &= \frac{1}{2j} \int_0^\infty (e^{j\omega t} - e^{-j\omega t})e^{-st}\mathrm{d}t \\
&= \frac{1}{2j}\left(\frac{1}{s-j\omega} - \frac{1}{s+j\omega}\right) = \frac{\omega}{s^2+\omega^2}
\end{aligned} \tag{2.16}$$

同様にして，

$$\cos \omega t = \frac{1}{2}(e^{j\omega t} + e^{-j\omega t}) \tag{2.17}$$

を利用することにより，片側余弦波信号 $\cos \omega t\, u_s(t)$ のラプラス変換は次のようになる．

$$\mathcal{L}[\cos \omega t\, u_s(t)] = \frac{s}{s^2+\omega^2} \tag{2.18}$$

以上の信号のラプラス変換を表 2.1 にまとめる．これらの基本的な信号のラプラス変換は，ぜひ暗記しておいてほしい．なぜならば，表 2.1 のラプラス変換対と表 2.2 にまとめるラプラス変換の性質を利用することにより，制御工学で登場するほとんどの信号のラプラス変換を計算できるからである．

表 2.2 に示すラプラス変換の性質について，簡単に見ていこう．

表 2.1　ラプラス変換対

名　称	$x(t)$	$X(s)$
(a)　単位インパルス信号	$\delta(t)$	1
(b)　単位ステップ信号	$u_s(t)$	$\dfrac{1}{s}$
(c)　単位ランプ信号	$t u_s(t)$	$\dfrac{1}{s^2}$
(d)　（片側）指数信号	$e^{-at}\, u_s(t)$	$\dfrac{1}{s+a}$
(e)　（片側）正弦波信号	$\sin \omega t\, u_s(t)$	$\dfrac{\omega}{s^2+\omega^2}$
（片側）余弦波信号	$\cos \omega t\, u_s(t)$	$\dfrac{s}{s^2+\omega^2}$

表2.2 ラプラス変換の性質

性　質	数　式
(1) 線形性	$\mathcal{L}[\alpha x(t) + \beta y(t)] = \alpha X(s) + \beta Y(s)$
(2) 時間軸推移	$\mathcal{L}[x(t-\tau)] = e^{-\tau s}X(s)$　$(\tau > 0)$
(3) s 領域推移	$\mathcal{L}[e^{-at}x(t)] = X(s+a)$
(4) 時間軸スケーリング	$\mathcal{L}[x(at)] = \dfrac{1}{a}X\left(\dfrac{s}{a}\right)$　$(a>0)$
(5) 時間微分	$\mathcal{L}\left[\dfrac{\mathrm{d}}{\mathrm{d}t}x(t)\right] = sX(s) - x(0)$
(6) 時間積分	$\mathcal{L}\left[\int_0^t x(\tau)\mathrm{d}\tau\right] = \dfrac{X(s)}{s}$
(7) s 領域での微分	$\mathcal{L}[-tx(t)] = \dfrac{\mathrm{d}}{\mathrm{d}s}X(s)$
(8) たたみ込み積分	$\mathcal{L}[x(t)*y(t)] = X(s)Y(s)$
(9) 最終値の定理	$\lim_{t\to\infty} x(t) = \lim_{s\to 0} sX(s)$
(10) 初期値の定理	$x(0+) = \lim_{s\to\infty} sX(s)$

(1) の線形性はラプラス変換の定義より明らかである．(2) の時間軸推移と (3) の s 領域推移，そして (4) の時間軸スケーリングは，ラプラス変換を計算する際に置換積分を利用することにより得られる．信号 $x(t)$ を時間軸推移した信号 $x(t-\tau)$ (τ 時刻遅れた信号) を図 2.3 に示す．制御工学では，このような τ を**むだ時間** (dead time) といい，(2) の時間軸推移の性質より，これは s 領域では $e^{-\tau s}$ を乗じることに対応する．

さて，ラプラス変換の定義式である式 (2.6) に部分積分を適用すると，

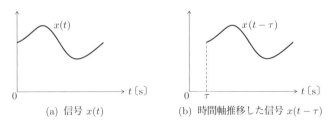

図 2.3　信号の時間軸推移

$$X(s) = \int_0^\infty x(t)e^{-st}\mathrm{d}t = \left[x(t)\frac{e^{-st}}{-s}\right]_0^\infty - \int_0^\infty \left[\frac{\mathrm{d}}{\mathrm{d}t}x(t)\right]\frac{e^{-st}}{-s}\mathrm{d}t$$

$$= \frac{x(0)}{s} + \frac{1}{s}\mathcal{L}\left[\frac{\mathrm{d}}{\mathrm{d}t}x(t)\right] \tag{2.19}$$

となる．これより，(5) の時間微分の性質

$$\mathcal{L}\left[\frac{\mathrm{d}}{\mathrm{d}t}x(t)\right] = sX(s) - x(0) \tag{2.20}$$

が導かれた．同様にして，n 階微分のラプラス変換は，

$$\mathcal{L}\left[\frac{\mathrm{d}^n}{\mathrm{d}t^n}x(t)\right] = s^n X(s) - s^{n-1}x(0) - s^{n-2}x^{(1)}(0) - \cdots$$
$$- sx^{(n-2)}(0) - x^{(n-1)}(0) \tag{2.21}$$

となる．ここで，$x^{(i)}$ は i 階微分を表す．特に，式 (2.21) においてすべての初期値を 0 とおくと，

$$\mathcal{L}\left[\frac{\mathrm{d}^n}{\mathrm{d}t^n}x(t)\right] = s^n X(s) \tag{2.22}$$

となる．以上より，次を得る．

❖ Point 2.3 ❖　時間微分のラプラス変換

　時間領域における微分演算は s 領域においては s を乗ずることに対応する．したがって，微分方程式は s 領域においては s の代数方程式に変換される．

　一方，(5) の時間微分の性質より，時間領域における積分演算は，s 領域においては s で割ることに対応する．また，初期値をすべて 0 とおいた場合，多重積分のラプラス変換は

$$\mathcal{L}\left[\underbrace{\int_0^t \cdots \int_0^t x(t)(\mathrm{d}t)^n}_{n}\right] = \frac{1}{s^n}X(s) \tag{2.23}$$

となる．(5), (6) より，時間領域における微分・積分演算は，s 領域においては乗算・除算演算に置き換わる．

28　第2章　複素数とラプラス変換

(7) の s 領域での微分は，式 (2.6) の両辺を s で微分することにより得られる．

二つの信号 $x(t)$ と $y(t)$ の**たたみ込み積分**（convolution）を次式で定義する．

$$x(t) * y(t) = \int_0^t x(\tau)y(t - \tau)\mathrm{d}\tau \tag{2.24}$$

この定義より，たたみ込み積分は交換則 $x(t) * y(t) = y(t) * x(t)$ を満たす．時間領域におけるたたみ込み積分をラプラス変換すると，(8) で示したように s 領域においては単に乗算となる点が，第4章で述べる伝達関数の定義において重要となる．

(9) の最終値の定理は第12章で述べる定常偏差の計算のときに利用される．(10) の初期値の定理は，(9) と対をなすものである．

例題2.3

次の信号をラプラス変換しなさい．

(1) $e^{-at} \sin \omega t \, u_s(t)$ 　　(2) $e^{-at} \cos \omega t \, u_s(t)$ 　　(3) $t^n u_s(t)$ $(n = 1, 2, \ldots)$

(4) $t e^{-at} u_s(t)$ 　　(5) $\dfrac{1}{b - a} \left(e^{-at} - e^{-bt} \right) u_s(t)$ $(a \neq b)$

解答　(1) $\dfrac{\omega}{(s + a)^2 + \omega^2}$ 　　(2) $\dfrac{s + a}{(s + a)^2 + \omega^2}$ 　　(3) $\dfrac{n!}{s^{n+1}}$ 　　(4) $\dfrac{1}{(s + a)^2}$

(5) $\dfrac{1}{(s + a)(s + b)}$ 　　　　　　　　　　　　　　　　　　■

例題2.4

$X(s) = \dfrac{1}{s(s + 1)}$ のとき，$\lim\limits_{t \to \infty} x(t)$ を求めなさい．

解答　最終値の定理より，次のように計算できる．

$$\lim_{t \to \infty} x(t) = \lim_{s \to 0} sX(s) = \lim_{s \to 0} \frac{1}{s + 1} = 1$$

このことを確認してみよう．$X(s)$ は次式のように書き直される．

$$X(s) = \frac{1}{s} - \frac{1}{s + 1} \tag{2.25}$$

これをラプラス逆変換すると，

$$\lim_{t \to \infty} x(t) = \lim_{t \to \infty} \mathcal{L}^{-1}[X(s)] = \lim_{t \to \infty} \left\{ \mathcal{L}^{-1}\left[\frac{1}{s}\right] - \mathcal{L}^{-1}\left[\frac{1}{s + 1}\right] \right\}$$

$$= \lim_{t \to \infty} (1 - e^{-t}) u_s(t) = 1$$

となり，同じ結果が得られた． ∎

ここで，式 (2.25) のように $X(s)$ を展開することは部分分数展開と呼ばれ，これについて次に説明する．

2.2.2 部分分数展開を用いた逆ラプラス変換の計算法

s の複素関数 $X(s)$ を次式のようにおく．

$$X(s) = K \frac{(s + z_1)(s + z_2) \cdots (s + z_m)}{(s + p_1)(s + p_2) \cdots (s + p_n)}, \quad n > m \tag{2.26}$$

ここで，$\{p_i\}$, $\{z_i\}$ は実数または複素数である．このとき，有理関数 $X(s)$ の極と零点を次のように定義する．

❖ Point 2.4 ❖　極と零点

　有理関数 $X(s)$ に対して，（分母多項式）$= 0$ の根を極（pole）といい，（分子多項式）$= 0$ の根を零点（zero）という．

まず，$\{p_i\}$ がすべて相異なる値をとるとき，式 (2.26) は次式のように展開できる．

$$X(s) = \frac{a_1}{s + p_1} + \frac{a_2}{s + p_2} + \cdots + \frac{a_n}{s + p_n} \tag{2.27}$$

これを部分分数展開（partial fraction expansion）という．ここで，a_i は $-p_i$ における留数（residue）と呼ばれ，次式より計算できる．

$$a_i = \lim_{s \to -p_i} (s + p_i) X(s) \tag{2.28}$$

$X(s)$ が式 (2.27) のように部分分数展開されれば，その逆ラプラス変換は，表 2.1 (d) より次式のようになる．

$$\begin{aligned} x(t) &= \mathcal{L}^{-1}[X(s)] \\ &= \left(a_1 e^{-p_1 t} + a_2 e^{-p_2 t} + \cdots + a_n e^{-p_n t} \right) u_s(t) \end{aligned} \tag{2.29}$$

30　第2章　複素数とラプラス変換

例題2.5

$x(t)$ のラプラス変換が

$$X(s) = \frac{s+3}{(s+1)(s+2)}$$

のとき，$x(t) = \mathcal{L}^{-1}[X(s)]$ を求めなさい．

解答　$X(s)$ の部分分数展開は，

$$X(s) = \frac{a_1}{s+1} + \frac{a_2}{s+2}$$

となる．ここで，

$$a_1 = (s+1)X(s)|_{s=-1} = \left.\frac{s+3}{s+2}\right|_{s=-1} = 2$$

$$a_2 = (s+2)X(s)|_{s=-2} = \left.\frac{s+3}{s+1}\right|_{s=-2} = -1$$

である．したがって，

$$x(t) = \mathcal{L}^{-1}\left[\frac{2}{s+1}\right] - \mathcal{L}^{-1}\left[\frac{1}{s+2}\right] = (2e^{-t} - e^{-2t})u_s(t)$$

が得られる．　　　　　　　　　　　　　　　　　　　　　　　　　　■

　これまではすべて相異なる極の場合を取り扱ったが，たとえば

$$X(s) = \frac{s+3}{(s+2)^2} \tag{2.30}$$

のように $s = -2$ に2重極を持つ場合，次式のように部分分数展開できる．

$$X(s) = \frac{b_1}{(s+2)^2} + \frac{b_2}{s+2} \tag{2.31}$$

このとき，係数 b_1 と b_2 の決定法について考えよう．

　式 (2.31) の両辺に $(s+2)^2$ を乗じて分母を払うと，

$$(s+2)^2 X(s) = b_1 + (s+2)b_2 \tag{2.32}$$

となり，この式で $s = -2$ とおくことにより，b_1 は次のように決定できる．

$$b_1 = (s+2)^2 X(s)\big|_{s=-2} = (s+3)|_{s=-2} = 1$$

次に，式 (2.32) を s で微分すると，

$$\frac{\mathrm{d}}{\mathrm{d}s}(s+2)^2 X(s) = b_2$$

となる．すなわち，

$$b_2 = \frac{\mathrm{d}}{\mathrm{d}s}(s+2)^2 X(s) = \frac{\mathrm{d}}{\mathrm{d}s}(s+3) = 1$$

である．したがって，部分分数展開は

$$X(s) = \frac{1}{s+2} + \frac{1}{(s+2)^2}$$

となり，これを逆ラプラス変換すると，次式が得られる．

$$x(t) = \mathcal{L}^{-1}[X(s)] = (e^{-2t} + te^{-2t})u_s(t) \tag{2.33}$$

n 重極を持つ場合に対しても，同様な手順で部分分数展開が行える．

本章のポイント

▼ 複素数の基本を理解すること．

▼ ラプラス変換と逆ラプラス変換を使いこなせるようになること．

Control Quiz

2.1 複素数 $z_1 = 1 + j\sqrt{3}$, $z_2 = 3 + j3$ をそれぞれ極座標表現し，それらの積 $z_1 z_2$ と商 z_1/z_2 を計算しなさい．

2.2 次の時間関数のラプラス変換を計算しなさい．

(1) $(e^{-at} + e^{-bt})u_s(t)$ (2) $ae^{-bt}u_s(t)$ (3) $\sin(\omega t + \theta)u_s(t)$

(4) $\sinh at\, u_s(t)$ (5) $\cosh at\, u_s(t)$

(6) $\left(\dfrac{1}{9}e^{3t} - \dfrac{1}{3}t - \dfrac{1}{9}\right)u_s(t)$ (7) $\left(\dfrac{t}{25} - \dfrac{\sin 5t}{125}\right)u_s(t)$

(8) $\left(\dfrac{1 - \cos 5t}{25}\right)u_s(t)$ (9) $\sin\left(\dfrac{\omega}{T}t\right)u_s(t)$

2.3 次の複素関数の逆ラプラス変換を計算しなさい．

(1) $\dfrac{1}{s(s+1)(s+2)}$ (2) $\dfrac{1}{s(s+1)^2(s+2)}$ (3) $\dfrac{s+1}{s^2+2s+5}$

(4) $\dfrac{s+1}{s+5}$ (5) $\dfrac{\omega s}{(s^2+\omega^2)^2}$ (6) $\dfrac{1}{(s+a)(s-b)^2}$

2.4 微分方程式

$$\frac{\mathrm{d}x(t)}{\mathrm{d}t} + 2x(t) = e^{-t}, \quad t \geq 0$$

をラプラス変換を用いて解きなさい．ただし，$x(0)=-1$ とする．

2.5 図 2.4 に示す信号 $x(t)$ をラプラス変換し，$X(s)$ を求めなさい．また，$\Delta \to 0$ のときの $X(s)$ の極限を求めなさい．

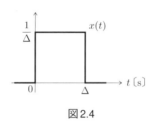

図 2.4

2.6 図 2.5 (a) の信号 $f(t)$ のラプラス変換を $F(s)$ とする．このとき，図 2.5 (b) の信号 $g(t)$（これは $f(t)$ が周期的に無限個続いている）のラプラス変換 $G(s)$ を，$F(s)$ を用いて表しなさい．

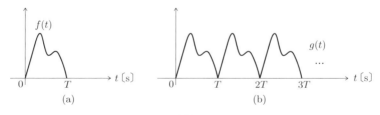

図 2.5

第3章 線形時不変システムの表現

　制御対象を，入力を加えたときに出力を生成する**システム**（system）と見なすと，そのシステムを記述するさまざまな**数学モデル**（mathematical model）が存在する．制御対象のモデルを構築することを**モデリング**という．モデリングは，制御対象である相手を知る重要なプロセスであり，Point 1.2 で述べた制御系設計の Step 2 に相当する．そこで，本章から第6章までで，時間領域，ラプラス領域（s 領域），周波数領域におけるさまざまな制御対象のモデルを紹介する（表3.1）．

　まず本章では，制御対象を時間領域においてそのインパルス応答（あるいはステップ応答）によって記述する方法と，微分方程式によって記述する方法を与える．

表3.1　制御対象の数学モデル

章	数学モデル	領　域
3	インパルス応答 微分方程式	時間領域
4	伝達関数	ラプラス領域
5	周波数伝達関数	周波数領域
6	状態方程式	時間領域

3.1　重ね合わせの理と線形性

　まず，システムの線形性を規定する上で重要な**重ね合わせの理**（principle of superposition）を与えよう．

34　第3章　線形時不変システムの表現

> **❖ Point 3.1 ❖　重ね合わせの理**
>
> 　入力 $x_1(t)$ に対するシステムの出力を $y_1(t)$ とし，入力 $x_2(t)$ に対するシステムの出力を $y_2(t)$ とする．このとき，重ね合わせの理とは，次の二つの条件が成り立つことをいう．
>
> (1) 入力 $\{x_1(t) + x_2(t)\}$ に対する出力は $\{y_1(t) + y_2(t)\}$ である．
> (2) a を任意の定数とするとき，入力 $ax_1(t)$ に対する出力は $ay_1(t)$ である．

　この重ね合わせの理を満たすシステムを**線形システム**（linear system）といい，そうでないシステムを**非線形システム**（non-linear system）という．これらは相反する概念ではなく，非線形システムの特殊な場合が線形システムである．

　次に，システムの特性が時間とともに変化しないとき，そのシステムは**時不変システム**（time-invariant system）と呼ばれる．逆に，システムの特性が時間とともに変化するとき，そのシステムは**時変システム**（time-varying system）と呼ばれる．

　線形で時不変であるシステムを**線形時不変システム**（linear time-invariant system）といい，以下では英語の頭文字をとって**LTI システム**と略記する．

　通常，制御対象は非線形，時変システムであるが，**動作点**（operating point）のまわりでは LTI システムとして取り扱うことができる．そこで，本書では対象を LTI システムに限定する．

　線形システムを時間領域で特徴付けたものが**重ね合わせの理**であり，周波数領域で特徴付けるものは，第5章で述べる**周波数応答の原理**である．両者は非常に重要な原理である．

3.2　ステップ応答とインパルス応答

　あるシステムに入力 $u(t)$ として単位ステップ信号 $u_s(t)$ を加えたとき，対応する出力（ここでは $f(t)$ とする）を**（単位）ステップ応答**（step response）という．図3.1にその様子を示す．後述するように，制御系のステップ応答を調べることにより，その制御系の過渡特性（速応性）や定常特性といった制御性能を知ることができる．

　さて，ステップ応答が $f(t)$ の LTI システムに，任意の入力 $u(t)$ を加えたとき，

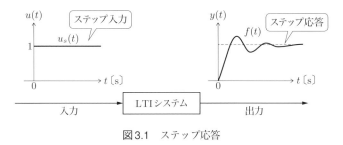

図3.1 ステップ応答

出力はどのように表せるだろうか？ このことを調べるために，図3.2 (a) に示す一般的な入力を LTI システムに加えたときの出力を，重ね合わせの理を用いて求めてみよう．

まず，図3.2 (a) のように，連続時間信号 $u(t)$ を間隔が Δt の階段状信号の和として表現する．ここで，この階段状信号は，$\Delta t \to 0$ のとき $u(t)$ に一致する．いま，図3.2 (b) に示す n 番目の階段状信号は，$P_n(t)u(n\Delta t)$ と記述できる．ただし，

$$P_n(t) = u_s(t - n\Delta t) - u_s(t - (n+1)\Delta t)$$

である．したがって，入力 $u(t)$ は次のように表される．

$$\begin{aligned}
u(t) &= \lim_{\Delta t \to 0} \sum_{n=0}^{t/\Delta t} P_n(t)u(n\Delta t) \\
&= \lim_{\Delta t \to 0} \sum_{n=0}^{t/\Delta t} [u_s(t - n\Delta t) - u_s(t - (n+1)\Delta t)]u(n\Delta t)
\end{aligned} \tag{3.1}$$

すると，式 (3.1) の入力に対応する LTI システムの出力は，重ね合わせの理を用いる

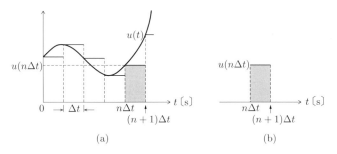

図3.2 階段状信号による連続時間信号の表現

ことにより，

$$y(t) = \lim_{\Delta t \to 0} \sum_{n=0}^{t/\Delta t} [f(t - n\Delta t) - f(t - (n+1)\Delta t)]u(n\Delta t)$$

$$= \lim_{\Delta t \to 0} \sum_{n=0}^{t/\Delta t} \frac{f(t - n\Delta t) - f(t - (n+1)\Delta t)}{\Delta t} u(n\Delta t)\Delta t$$

$$= -\int_0^t \frac{\mathrm{d}f(t-\tau)}{\mathrm{d}\tau} u(\tau)\mathrm{d}\tau \tag{3.2}$$

となる．ここで，$t-\tau$ を τ と変数変換すると，出力 $y(t)$ は

$$y(t) = \int_0^t \frac{\mathrm{d}f(\tau)}{\mathrm{d}\tau} u(t-\tau)\mathrm{d}\tau \tag{3.3}$$

と表せ，これが任意の入力 $u(t)$ に対する出力である．

いま，式 (3.3) において，

$$g(\tau) = \frac{\mathrm{d}f(\tau)}{\mathrm{d}\tau} \tag{3.4}$$

とおき，これを LTI システムの**インパルス応答**（impulse response）と呼ぶ．インパルス応答とは，LTI システムに単位インパルス信号 $\delta(t)$ を入力したときの応答信号のことであり，その様子を図 3.3 に示す．

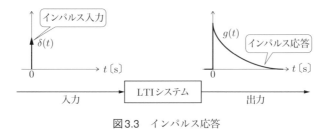

図 3.3　インパルス応答

以上より，Point 3.2 が得られる．

❖ Point 3.2 ❖　**インパルス応答による LTI システムの表現**

LTI システムの入力 $u(t)$ と出力 $y(t)$ は，そのインパルス応答 $g(t)$ を用いて次式のように記述できる．

$$y(t) = \int_0^t g(\tau)u(t-\tau)\mathrm{d}\tau = \int_0^t g(t-\tau)u(\tau)\mathrm{d}\tau \tag{3.5}$$

この積分計算は，第2章で述べた**たたみ込み積分**である．式 (3.5) より，インパルス応答 $g(t)$ が既知であれば，任意の入力 $u(t)$ に対する出力 $y(t)$ は，たたみ込み積分を用いて計算できる．

式 (3.5) のたたみ込み積分は，線形システムを**時間領域**において記述する，線形システム理論の出発点となる重要なものであるが，その計算は複雑である．そのため，制御工学では，たたみ込み積分を用いて出力信号を計算することはほとんどなく，その代わりに，次章以降で説明する伝達関数や周波数伝達関数を用いて計算する．

例題 3.1

日常生活の中でインパルス応答の例を探しなさい．

解答　スイカを買うときにコンと叩く行為はインパルス入力であり，そのときの音はインパルス応答である．また，部屋をノックしたとき，中からの応答（返事）もインパルス応答の例である（図 3.4 参照）．ただし，残念ながら，スイカも部屋も線形システムではないので，インパルス応答だけでは，それらを完全に特徴付けることはできないだろう．　■

図 3.4　日常生活の中のインパルス応答

38　第3章　線形時不変システムの表現

3.3　微分方程式による LTI システムの表現

まず，図1.7に示した力学システムを再び考えよう．質点への力を入力 $u(t)$，質点の変位を出力 $y(t)$ とするとき，これらは次の微分方程式で関係付けられる．

$$m\frac{\mathrm{d}^2 y(t)}{\mathrm{d}t^2} + c\frac{\mathrm{d}y(t)}{\mathrm{d}t} + ky(t) = u(t) \tag{3.6}$$

ただし，m は質点の質量，c はダンパの粘性摩擦係数，k はバネのバネ定数である．

次に，図1.9に示した電気回路を考えよう．加えた電圧 $e(t)$ を入力，コンデンサの両端の電荷 $q(t)$ を出力とすると，微分方程式

$$L\frac{\mathrm{d}^2 q(t)}{\mathrm{d}t^2} + R\frac{\mathrm{d}q(t)}{\mathrm{d}t} + \frac{1}{C}q(t) = e(t) \tag{3.7}$$

が得られる．ただし，R は抵抗，L はコイルのインダクタ，C はコンデンサのキャパシタである．

式 (3.6) と式 (3.7) はまったく同じ形式の2階微分方程式である．ここで紹介した力学システム，電気回路はともに線形であり，これらは時間領域においては微分方程式によっても記述できることがわかった．このように，さまざまな物理（自然）現象を微分方程式で記述することは，近代科学の大きな成果である．

以上を拡張することにより，一般的な LTI システムは，n 階微分方程式

$$\begin{aligned} y^{(n)}(t) + a_{n-1}y^{(n-1)}(t) + \cdots + a_1 y^{(1)}(t) + a_0 y(t) \\ = b_m u^{(m)}(t) + b_{m-1}u^{(m-1)}(t) + \cdots + b_1 u^{(1)}(t) + b_0 u(t) \end{aligned} \tag{3.8}$$

によって実現できる．ここで，$y^{(n)}(t)$ の上添字 (n) は n 階の時間微分を表す．このように，時間領域において LTI システムは微分方程式によって表現することもできる．

本章のポイント

▼ 時間領域において線形性を規定する重ね合わせの理を理解すること．

▼ 線形システムの出力信号は，入力信号とシステムのインパルス応答のたたみ込み積分で計算でき，これは時間領域における線形システムの表現の基礎となるものであることを認識すること．

▼ 微分方程式による線形システムの表現は，時間領域において重要であることを理解すること．

▼ 線形システムのインパルス応答とステップ応答を使いこなせるようになること．

Control Quiz

3.1 インパルス応答が $g(t) = e^{-at}u_s(t)$ $(a > 0)$ である LTI システムに，単位ステップ入力 $u(t) = u_s(t)$ を印加したときのステップ応答 $y(t)$ を，たたみ込み積分を用いて計算しなさい．また，$g(t)$ と $y(t)$ を図示しなさい．

3.2 線形システムの例を挙げ，それを微分方程式によって記述しなさい．

3.3 非線形システムの例を挙げなさい．

3.4 時変システムの例を挙げなさい．

第4章 伝達関数

　前章では，LTI システムの入出力関係を，インパルス応答を用いて時間領域で記述
した．このようにシステムの入出力関係を記述することは重要であるが，たたみ込
み積分という少し面倒な計算を行わなければならなかった．そこで，本章では，微
分方程式やインパルス応答などの時間領域における記述をラプラス変換することに
より，伝達関数を用いて s 領域でシステムを表現する方法を与える．

4.1　伝達関数

　前章で示した LTI システムの入出力関係を記述する微分方程式

$$
\begin{aligned}
y^{(n)}(t) &+ a_{n-1}y^{(n-1)}(t) + \cdots + a_1 y^{(1)}(t) + a_0 y(t) \\
&= b_m u^{(m)}(t) + b_{m-1}u^{(m-1)}(t) + \cdots + b_1 u^{(1)}(t) + b_0 u(t)
\end{aligned}
\tag{4.1}
$$

を，初期値をすべて 0 としてラプラス変換すると，

$$
\begin{aligned}
(s^n + a_{n-1}s^{n-1} &+ \cdots + a_1 s + a_0)y(s) \\
&= (b_m s^m + b_{m-1}s^{m-1} + \cdots + b_1 s + b_0)u(s)
\end{aligned}
\tag{4.2}
$$

が得られる．ただし，$y(s) = \mathcal{L}[y(t)]$, $u(s) = \mathcal{L}[u(t)]$ とおいた．このとき，入力信号
のラプラス変換 $u(s)$ と出力信号のラプラス変換 $y(s)$ の比，すなわち

$$
G(s) = \frac{y(s)}{u(s)} = \frac{b_m s^m + b_{m-1}s^{m-1} + \cdots + b_1 s + b_0}{s^n + a_{n-1}s^{n-1} + \cdots + a_1 s + a_0}
\tag{4.3}
$$

を LTI システムの**伝達関数**（transfer function）といい，$G(s)$ のように表記する．
ここで，伝達関数はラプラス変換可能な任意の入力信号に対して成り立つことに注
意する．すると，LTI システムの入出力関係は，s 領域において

$$
y(s) = G(s)u(s)
\tag{4.4}
$$

のように乗算で表される[1]. 前章の時間領域におけるたたみ込み積分による記述と比べると, 扱いやすい形式になった.

式 (4.3) の分母多項式の次数が n なので, この LTI システムは**n 次系** (n-th order system) と呼ばれる. また, 式 (4.3) の分母多項式の根, すなわち, 方程式

$$s^n + a_{n-1}s^{n-1} + \cdots + a_1 s + a_0 = (s - p_1)(s - p_2) \cdots (s - p_n) = 0 \qquad (4.5)$$

の根 $\{p_1, p_2, \ldots, p_n\}$ を LTI システムの**極**という. ここで, 式 (4.5) を**特性方程式** (characteristic equation) といい, $\{p_1, p_2, \ldots, p_n\}$ を**特性根** (characteristic root) という.

一方, $G(s) = 0$ となる点を LTI システムの**零点**という. すなわち,

$$b_m s^m + b_{m-1}s^{m-1} + \cdots + b_1 s + b_0$$
$$= b_m(s - z_1)(s - z_2) \cdots (s - z_m) = 0 \qquad (4.6)$$

の根 $\{z_1, z_2, \ldots, z_m\}$ は零点であり, $n > m$ の場合には $s = \infty$ も零点になる (後者を無限零点という). すると, 式 (4.3) は次のように書き直すことができる.

$$G(s) = b_m \frac{(s - z_1)(s - z_2) \cdots (s - z_m)}{(s - p_1)(s - p_2) \cdots (s - p_n)} \qquad (4.7)$$

さらに, n と m の大小関係により, 表 4.1 のような用語を定義する. 表において $n < m$ の場合, 回路実現する際に微分器が必要になる. そのため, 物理的に実現できないのでインプロパー (不適切) と呼ばれる. 厳密にプロパーな場合, $s = \infty$ も零点になることに注意する.

表4.1 LTI システムのプロパー性

条 件	用 語
(1) $n \geq m$	プロパー (proper)
(2) $n > m$	厳密にプロパー (strictly proper)
(3) $n = m$	バイプロパー (biproper)
(4) $n < m$	インプロパー (improper)

---

[1] 本書では, 信号とシステムを区別するために, 信号のラプラス変換は $u(s)$ のように小文字で, システムの伝達関数は $G(s)$ のように大文字で表記する. そのため, 信号の場合, 時間領域では $u(t)$, s 領域では $u(s)$ のように, 同じ記号 $u(\cdot)$ を用いることに注意する.

42　第 4 章　伝達関数

さて，すべての初期値を 0 として，時間領域におけるたたみ込み積分による入出力関係の表現式

$$y(t) = \int_0^t g(t-\tau)u(\tau)\mathrm{d}\tau \tag{4.8}$$

をラプラス変換すると，やや計算が煩雑になるが，次のようになる．

$$\begin{aligned}
y(s) = \mathcal{L}[y(t)] &= \int_0^\infty e^{-st}\left\{\int_0^t g(t-\tau)u(\tau)\mathrm{d}\tau\right\}\mathrm{d}t \\
&= \int_0^\infty u(\tau)e^{-s\tau}\int_\tau^\infty g(t-\tau)e^{-s(t-\tau)}\mathrm{d}t\mathrm{d}\tau \\
&= \int_0^\infty u(\tau)e^{-s\tau}\int_0^\infty g(\sigma)e^{-s\sigma}\mathrm{d}\sigma\mathrm{d}\tau \\
&= \int_0^\infty u(\tau)e^{-s\tau}\mathrm{d}\tau\int_0^\infty g(\sigma)e^{-s\sigma}\mathrm{d}\sigma = G(s)u(s)
\end{aligned} \tag{4.9}$$

ここで，

$$G(s) = \mathcal{L}[g(t)] \tag{4.10}$$

である．このように，伝達関数は LTI システムのインパルス応答のラプラス変換でもある．

以上を Point 4.1 にまとめよう．

❖ Point 4.1 ❖　**LTI システムの伝達関数の定義**

伝達関数 $G(s)$ は，次のように二つの方法で定義される．

(1) 伝達関数は入出力信号のラプラス変換の比である．すなわち，

$$G(s) = \frac{y(s)}{u(s)} = \frac{b_m s^m + b_{m-1}s^{m-1} + \cdots + b_1 s + b_0}{s^n + a_{n-1}s^{n-1} + \cdots + a_1 s + a_0}$$

(2) 伝達関数はインパルス応答 $g(t)$ のラプラス変換である．すなわち，

$$G(s) = \mathcal{L}[g(t)] = \int_0^\infty g(t)e^{-st}\mathrm{d}t$$

このように，インパルス応答 $g(t)$ と伝達関数 $G(s)$ はラプラス変換対である．

例題 4.1

伝達関数

$$G(s) = \frac{s+2}{s^2+2s+10}$$

を持つ LTI システムの極と零点を求め，s 平面上にプロットしなさい．また，このシステムのインパルス応答 $g(t)$ を計算しなさい．

解答　まず，極は，

$$s^2 + 2s + 10 = 0$$

を解くことにより，$s = -1 \pm j3$ である．次に，零点は，

$$s + 2 = 0$$

を解くことにより，$s = -2$ である．このシステムは分母のほうが 1 だけ次数が高い厳密にプロパーなシステムなので，$s \to \infty$ のとき，$G(s) \to 0$ になる．よって，$s = \infty$ も零点である．これらを図 4.1 に示す（無限零点は図示していない）．

このシステムのインパルス応答は，逆ラプラス変換を用いて次のように計算できる．

$$g(t) = \mathcal{L}^{-1}\left[\frac{s+2}{s^2+2s+10}\right] = \mathcal{L}^{-1}\left[\frac{(s+1)+1}{(s+1)^2+3^2}\right]$$

$$= \mathcal{L}^{-1}\left[\frac{s+1}{(s+1)^2+3^2}\right] + \frac{1}{3}\mathcal{L}^{-1}\left[\frac{3}{(s+1)^2+3^2}\right]$$

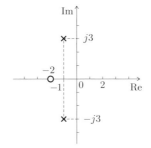

図 4.1　極・零点の配置（×が極，○が零点）

44 第4章 伝達関数

$$= \left(\cos 3t + \frac{1}{3} \sin 3t \right) e^{-t} u_s(t)$$

$$= \frac{\sqrt{10}}{3} \cos \left(3t - \arctan \frac{1}{3} \right) e^{-t} u_s(t)$$

ここで, 最後の等式では, 三角関数の合成定理

$$a \cos \theta + b \sin \theta = \sqrt{a^2 + b^2} \cos \left(\theta - \arctan \frac{b}{a} \right)$$

を用いた. ■

4.2 基本要素の伝達関数

式 (4.3) で与えた n 次系の伝達関数は, 次のように因数分解できる[2].

$$G(s) = K \frac{\prod_{l=1}(T'_l s + 1) \prod_{k=1}(a'_k s^2 + b'_k s + 1)}{\prod_{i=1}(T_i s + 1) \prod_{m=1}(a_m s^2 + b_m s + 1)} \tag{4.11}$$

ただし, $\prod$ は $\prod_{i=1} A_i = A_1 A_2 \cdots$ のように乗算を表す. また, K は定常ゲインで
あり,

$$K = G(s)|_{s=0}$$

で与えられる. 式 (4.11) のように, 伝達関数 $G(s)$ は, 定常ゲイン K と, s に関す
る 1 次式 $(T_i s + 1)$, そして s に関する 2 次式 $(a_m s^2 + b_m s + 1)$ の積と商に分解でき
る. これらを基本要素と呼び, 以下では基本要素の伝達関数について考えていく.

4.2.1 比例要素

比例関係を表す入出力関係

$$y(t) = K u(t) \tag{4.12}$$

をラプラス変換すると, 伝達関数は次のようになる.

---

[2] ここでは, 積分要素と微分要素は省略した.

$$G(s) = \frac{y(s)}{u(s)} = K \tag{4.13}$$

ここで，K は**定常ゲイン**（あるいは**直流（DC）ゲイン**）である．このように，比例要素の伝達関数は K となり，s を含まない．すなわち，比例要素は静的な要素であり，ダイナミクスを持たない．

4.2.2 微分要素

伝達関数が

$$G(s) = Ts \tag{4.14}$$

であるシステムを**微分要素** (derivative element) あるいは**微分器**という．これは，ラプラス変換において s が微分を意味することから明らかであろう．しかしながら，物理的に微分要素を実現することは不可能である．すなわち，微分要素はインプロパーなので，実際にはプロパーな伝達関数である**近似微分要素**

$$G(s) = \frac{Ts}{Ts+1} \tag{4.15}$$

を利用することになる．

近似微分要素を電気回路で実現したものを図 4.2 に示す．図において，$v_i(t)$ を入力，$v_o(t)$ を出力とすると，伝達関数は

$$G(s) = \frac{v_o(s)}{v_i(s)} = \frac{CRs}{CRs+1} \tag{4.16}$$

となる．ここで，**時定数** (time constant) を $T = CR$ とおくと，式 (4.16) は式 (4.15) に一致する．

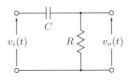

図 4.2 近似微分回路

46   第4章　伝達関数

次に，式 (4.15) が近似微分要素と呼ばれる理由について考えよう．式 (4.15) を $s = 0$ の近傍でテイラー展開すると，

$$G(s) = Ts(1 + Ts)^{-1} = Ts(1 - Ts + \cdots) \tag{4.17}$$

が得られる．式 (4.17) を 1 次近似すると，

$$G(s) \cong Ts \tag{4.18}$$

となり，近似的に微分要素に等しくなる．

4.2.3　積分要素

伝達関数が

$$G(s) = \frac{1}{Ts} \tag{4.19}$$

であるシステムを**積分要素**（integral element）あるいは**積分器**という．これは，ラプラス変換において $1/s$ が積分を意味することから明らかであろう．

❖ Point 4.2 ❖　なぜ微分要素は実現できないのか？

　ある関数の微分，すなわち傾きを計算するためには，未来の時刻における関数の値が必要になる．このように，微分は関数が今後どのように変化するかの未来情報を必要とし，現時刻までのデータからだけでは計算できない．このため，微分要素は物理的に回路実現できない，すなわち，インプロパーと言われる．

　それに対して，積分要素は現時刻までのデータの蓄積を行うものであり，未来情報を必要としない．このため，積分器はプロパーであり，物理的に実現できる．

4.2.4　1次遅れ要素

[1]　1次遅れ要素の標準形

　図4.3に示すRC回路を考える．この回路において，$v_i(t)$ から $v_o(t)$ までの伝達関数は，

$$G(s) = \frac{1}{CRs + 1} = \frac{1}{Ts + 1} \tag{4.20}$$

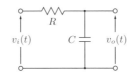

図 4.3　RC回路（近似積分回路）

となり，1次遅れ要素（1st-order lag element）あるいは1次遅れ系と呼ばれる．ただし，$T = CR$ とおいた．「遅れ」とは位相が遅れることを意味しており，これについては 5.3.4 項で説明する．

いま，$s \gg 0$ として，式 (4.20) をテイラー展開すると，

$$G(s) = \frac{1}{Ts+1} = \frac{1}{Ts}\left(1 + \frac{1}{Ts}\right)^{-1} = \frac{1}{Ts}\left(1 - \frac{1}{Ts} + \cdots\right) \tag{4.21}$$

となる．このとき，式 (4.21) は

$$G(s) \cong \frac{1}{Ts} \tag{4.22}$$

となり，近似的に積分要素に等しくなる．このため，1次遅れ要素は近似積分要素と言われることもある．

1次遅れ要素は，次のように与えられる．

❖ Point 4.3 ❖　1次遅れ要素

1次遅れ要素は，

$$G(s) = \frac{1}{Ts+1} \tag{4.23}$$

で与えられる．ここで，T は**時定数**であり，応答の速さを表すパラメータである．

---

[2] 1次遅れ要素のステップ応答

次に，図4.4を用いて，1次遅れ要素のステップ応答 $f(t)$ を計算しよう．

時間領域でステップ応答を計算するのではなく，ラプラス領域で計算した後に逆ラプラス変換で時間領域に変換することが，計算のポイントである．すなわち，ラ

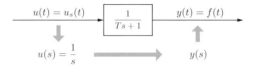

図 4.4　1次遅れ要素のステップ応答の計算法

プラス領域では，

$$y(s) = G(s)u(s)$$

で入出力関係が記述できる．いま，

$$G(s) = \frac{1}{Ts+1}, \quad u(s) = \frac{1}{s}$$

なので，ステップ応答のラプラス変換を $f(s)$ とすると，これは

$$f(s) = \frac{1}{Ts+1}\frac{1}{s}$$

となる．これを逆ラプラス変換すると，

$$f(t) = \mathcal{L}^{-1}\left[\frac{1}{Ts+1}\frac{1}{s}\right] = \mathcal{L}^{-1}\left[\frac{1}{s} - \frac{1}{s+1/T}\right]$$
$$= (1 - e^{-t/T})u_s(t) \tag{4.24}$$

が得られる．

図 4.5 にステップ応答を図示する．図より，時定数 T はステップ応答が定常値の 63.2 ％ に達する時間であり，これは，原点における接線が定常値と交わる時刻でもある．図において，時定数の3倍の時間である時刻 $3T$ では，定常値の 95 ％ に達する．この時刻を**整定時間**という．

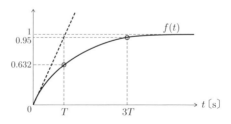

図 4.5　1次遅れ要素のステップ応答と時定数

式 (4.23) で記述される 1 次遅れ要素の極は $s = -1/T$ である（図 4.6）．時定数 T は正なので，極は常に s 平面の負の実軸上に存在する．そして，T が小さくなるにつれて極は原点から遠ざかっていき，そのときステップ入力に対する応答は速くなる．

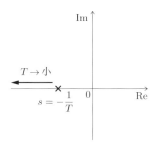

図 4.6　1 次遅れ要素の極の位置

例題を通して，1 次遅れ要素についての理解を深めていこう．

例題 4.2

インパルス応答が

$$g(t) = 2e^{-3t}u_s(t)$$

である LTI システムの伝達関数を計算し，時定数 T と定常ゲイン K を求めなさい．また，極を s 平面上にプロットしなさい．

解答　伝達関数は

$$G(s) = \mathcal{L}[2e^{-3t}u_s(t)] = \frac{2}{s+3} = \frac{\frac{2}{3}}{\frac{1}{3}s+1} = \frac{K}{Ts+1}$$

となる．これより，$T = 1/3$，$K = 2/3$ である．また，極は $s = -3$ である．図 4.7 にそれを示す．■

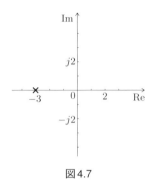

図 4.7

例題 4.3

伝達関数が

$$G(s) = \frac{10}{10s+1}$$

である LTI システムのステップ応答を計算し，その波形を図示しなさい．図中には重要な数値を書き込みなさい．

解答　出力 $y(t)$ のラプラス変換を $y(s)$ とすると，

$$y(s) = \frac{10}{10s+1}\frac{1}{s} = \frac{1}{s+0.1}\frac{1}{s} = 10\left(\frac{1}{s} - \frac{1}{s+0.1}\right)$$

なので，これを逆ラプラス変換すると，

$$y(t) = 10(1 - e^{-0.1t})u_s(t)$$

が得られる．この波形を図 4.8 に示す．このシステムは時定数が $T = 10$，定常ゲインが $K = 10$ なので，それらの数値を図中に書き込んだ．　■

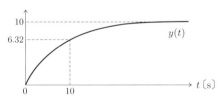

図 4.8

例題 4.4 （RL回路の過渡応答）

図 4.9 (a) に示す RL 回路を考える．この回路において，入力を図 4.9 (b) に示す直流電源の電圧 $e(t)$ とし，出力を回路を流れる電流 $i(t)$ とする．

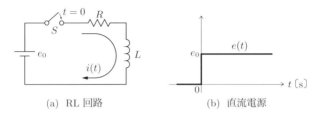

(a) RL 回路　　　(b) 直流電源

図 4.9

このとき，次の問いに答えなさい．ただし，$R = 0.1\,\Omega$，$L = 10\,\text{H}$，$e_0 = 1\,\text{V}$ とする．

(1) このシステムの伝達関数 $G(s)$ を求めなさい．

(2) 時刻 $t = 0$ のときスイッチを閉じる．$t \geq 0$ のときの電流 $i(t)$ を求め，図示しなさい．

(3) このシステムのインパルス応答を計算し，図示しなさい．

解答

(1) この電気回路は微分方程式

$$0.1 i(t) + 10 \frac{\mathrm{d}i(t)}{\mathrm{d}t} = e(t)$$

で記述でき，この式を初期値を 0 とおいてラプラス変換することにより，伝達関数は次式のようになる．

$$G(s) = \frac{10}{100s + 1}$$

(2) 直流電源の電圧は次式で表せる．

$$e(t) = \begin{cases} e_0, & t \geq 0 \\ 0, & t < 0 \end{cases}$$

したがって，システムのステップ応答を求めればよいことがわかり，その結果，次式が得られる．これを図 4.10 (a) に示す．

$$i(t) = \mathcal{L}^{-1}[i(s)] = \mathcal{L}^{-1}\left[10\left(\frac{1}{s} - \frac{1}{s+0.01}\right)\right]$$
$$= 10(1 - e^{-0.01t})u_s(t)$$

(3) インパルス応答は，定義より次のようになる．

$$g(t) = \mathcal{L}^{-1}[G(s)] = \mathcal{L}^{-1}\left[\frac{10}{100s+1}\right] = 0.1e^{-0.01t}u_s(t)$$

インパルス応答を図 4.10 (b) に図示する． ∎

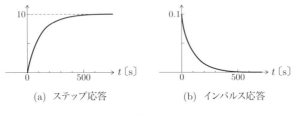

(a) ステップ応答　　　　(b) インパルス応答

図 4.10

例題 4.5

次の問いに答えなさい．

(1) 図 4.11 に示す信号 $u(t)$ をラプラス変換して $u(s)$ を求めなさい．

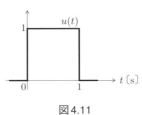

図 4.11

(2) 伝達関数が

$$G(s) = \frac{1}{s+1}$$

である LTI システムに，(1) の $u(t)$ を印加したときの出力 $y(t)$ を，逆ラプラス変換を用いて求めなさい．

(3) (2) で求めた $y(t)$ の波形を図示しなさい．

解答

(1) ラプラス変換を行うことにより，次式が得られる．

$$u(s) = \frac{1-e^{-s}}{s}$$

(2) 出力 $y(t)$ のラプラス変換を $y(s)$ とすると，

$$y(s) = G(s)u(s) = \frac{1}{s+1}\frac{1-e^{-s}}{s}$$
$$= \left(\frac{1}{s} - \frac{1}{s+1}\right)(1-e^{-s})$$

なので，これを逆ラプラス変換すると，次式のようになる．

$$y(t) = (1-e^{-t})u_s(t) - \left(1-e^{-(t-1)}\right)u_s(t-1)$$

あるいは，次式のように書くこともできる．

$$y(t) = \begin{cases} 1-e^{-t}, & 0 \le t \le 1 \\ e^{-(t-1)} - e^{-t}, & t > 1 \end{cases}$$

(3) $y(t)$ の波形を図 4.12 に示す． ■

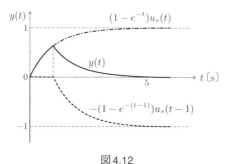

図 4.12

4.2.5　1次進み要素

伝達関数が

$$G(s) = Ts + 1 \tag{4.25}$$

であるシステムを **1次進み要素**（1st-order lead element）あるいは **1次進み系** という．この要素はインプロパーである．

54　第4章　伝達関数

4.2.6　2次遅れ要素

[1]　2次遅れ要素の標準形

　第1章で用いたバネ・マス・ダンパシステムを再び考える．力である入力を $u(t)$ とし，変位である出力を $y(t)$ とすると，このシステムは微分方程式

$$m\frac{\mathrm{d}^2 y(t)}{\mathrm{d}t^2} + c\frac{\mathrm{d}y(t)}{\mathrm{d}t} + ky(t) = u(t) \tag{4.26}$$

を満たす．初期値を 0 としてこの微分方程式をラプラス変換すると，

$$(ms^2 + cs + k)y(s) = u(s) \tag{4.27}$$

が得られる．これより，入出力間の伝達関数 $G(s)$ は

$$G(s) = \frac{1}{ms^2 + cs + k} = \frac{1}{k}\frac{\dfrac{k}{m}}{s^2 + \dfrac{c}{m}s + \dfrac{k}{m}} \tag{4.28}$$

であることがわかる．これは，比例要素 $1/k$ と2次遅れ要素（2nd-order lag element）（2次遅れ系とも呼ばれる）

$$\frac{\dfrac{k}{m}}{s^2 + \dfrac{c}{m}s + \dfrac{k}{m}} \tag{4.29}$$

が直列接続したものである．2次遅れ要素の標準形は，次のように与えられる．

❖ Point 4.4 ❖　　2次遅れ要素の標準形

　2次遅れ要素（2次遅れ系）の標準形は，次式で与えられる．

$$G(s) = \frac{\omega_n^2}{s^2 + 2\zeta\omega_n s + \omega_n^2} \tag{4.30}$$

ここで，ω_n は**固有角周波数**（natural angular frequency），ζ は**減衰比**（damping ratio）と呼ばれる．

　式 (4.29) と式 (4.30) の係数を等しくおくことにより，

$$\omega_n = \sqrt{\frac{k}{m}}, \qquad \zeta = \frac{c}{2\sqrt{km}} \tag{4.31}$$

が得られる．

次に，図4.13に示すRLC直列回路を考える．この回路を記述する方程式

$$\begin{cases} v_i(s) = Ri(s) + Lsi(s) + \dfrac{1}{Cs}i(s) \\ v_o(s) = \dfrac{1}{Cs}i(s) \end{cases}$$

より，入力電圧 $v_i(s)$ から出力電圧 $v_o(s)$ までの伝達関数は，次のようになる．

$$G(s) = \frac{v_o(s)}{v_i(s)} = \frac{1}{LCs^2 + RCs + 1} = \frac{\dfrac{1}{LC}}{s^2 + \dfrac{R}{L}s + \dfrac{1}{LC}} \tag{4.32}$$

この電気回路システムも2次遅れ系であり，式 (4.32) と式 (4.30) を比較することにより，

$$\omega_n = \frac{1}{\sqrt{LC}}, \qquad \zeta = \frac{R}{2}\sqrt{\frac{C}{L}} \tag{4.33}$$

が得られる．これが図4.13のRLC直列回路の固有角周波数と減衰比である．

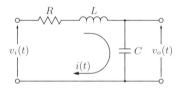

図4.13　RLC 直列回路

[2] 2次遅れ要素のステップ応答

2次遅れ要素のステップ応答 $f(t)$ は，次式より計算できる．

$$f(t) = \mathcal{L}^{-1}\left[G(s)u_s(s)\right] = \mathcal{L}^{-1}\left[\frac{\omega_n^2}{s^2 + 2\zeta\omega_n s + \omega_n^2}\frac{1}{s}\right] \tag{4.34}$$

式 (4.34) を部分分数展開すると，

$$f(t) = \mathcal{L}^{-1}\left[\frac{1}{s} + \frac{1}{\alpha - \beta}\left(\frac{\beta}{s - \alpha} - \frac{\alpha}{s - \beta}\right)\right] \tag{4.35}$$

となる．ただし，α, β は2次遅れ要素の二つの極，すなわち2次方程式

$$s^2 + 2\zeta\omega_n s + \omega_n^2 = 0 \tag{4.36}$$

56 第4章 伝達関数

の二つの根

$$\alpha, \beta = -\left(\zeta \pm \sqrt{\zeta^2 - 1}\right)\omega_n \tag{4.37}$$

である．すると，式 (4.35) より，2 次遅れ要素のステップ応答は

$$f(t) = \left\{1 + \frac{1}{\alpha - \beta}(\beta e^{\alpha t} - \alpha e^{\beta t})\right\}u_s(t) \tag{4.38}$$

となる．

いま，2 次方程式の解は，減衰比 ζ の大きさによって表 4.2 のように場合分けできる．それぞれの場合について，式 (4.38) のステップ応答を計算しよう．

表4.2　減衰比の値による場合分け

用 語	条 件	根の値
(a) 過制動	$\zeta > 1$	相異なる 2 実根：$\alpha, \beta = -\left(\zeta \pm \sqrt{\zeta^2 - 1}\right)\omega_n$
(b) 臨界制動	$\zeta = 1$	2 重根：$\alpha = \beta = -\omega_n$
(c) 不足制動	$0 < \zeta < 1$	共役複素根：$\alpha, \beta = -\left(\zeta \pm j\sqrt{1 - \zeta^2}\right)\omega_n$
(d) 持続振動	$\zeta = 0$	純虚根：$\alpha = \beta = \pm j\omega_n$

(a) 過制動（$\zeta > 1$ のとき）

この場合，相異なる 2 実根であり，ステップ応答は次式で与えられる．

$$f(t) = 1 - e^{-\zeta\omega_n t}\left(\cosh\sqrt{\zeta^2 - 1}\,\omega_n t + \frac{\zeta}{\sqrt{\zeta^2 - 1}}\sinh\sqrt{\zeta^2 - 1}\,\omega_n t\right) \tag{4.39}$$

ここで，式 (4.39) のかっこ内は常に正であり，$e^{-\zeta\omega_n t}$ は $t \to \infty$ のとき 0 に向かうので，ステップ応答は決して 1 を超えない．そのため，**過制動**と呼ばれる．$\zeta = 2$ の場合のステップ応答を図 4.14 に示す．ただし，$\omega_n = 1$ とおいた．

過制動の場合，s 平面の負の実軸上に二つの極が存在するので，式 (4.30) は次のように変形できる．

$$G(s) = \frac{1}{(T_1 s + 1)(T_2 s + 1)} \tag{4.40}$$

ただし，$T_1 = -1/\alpha$，$T_2 = -1/\beta$ とおいた．式 (4.40) で表される伝達関数は，二つの 1 次遅れ要素

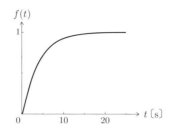

図 4.14 2次遅れ要素のステップ応答（過制動）

$$G_1(s) = \frac{1}{T_1 s + 1}, \qquad G_2(s) = \frac{1}{T_2 s + 1}$$

が直列接続していると見なすことができる．

(b) 臨界制動（$\zeta = 1$ のとき）

この場合，2重根であり，ステップ応答は

$$\begin{aligned}
f(t) &= \mathcal{L}^{-1}\left[\frac{\omega_n^2}{s(s^2 + 2\zeta\omega_n s + \omega_n^2)}\right] = \mathcal{L}^{-1}\left[\frac{\omega_n^2}{s(s + \omega_n)^2}\right] \\
&= \mathcal{L}^{-1}\left[\frac{1}{s} - \frac{1}{s + \omega_n} - \frac{\omega_n}{(s + \omega_n)^2}\right] = 1 - \left(e^{-\omega_n t} + \omega_n t e^{-\omega_n t}\right) \\
&= 1 - e^{-\omega_n t}(1 + \omega_n t)
\end{aligned} \qquad (4.41)$$

で与えられ，このとき**臨界制動**と呼ばれる．また，この場合の伝達関数は

$$G(s) = \frac{1}{(Ts + 1)^2}$$

と書くことできる．ただし，$T = 1/\omega_n$ とおいた．

(c) 不足制動（$0 < \zeta < 1$ のとき）

この場合，共役複素根であり，ステップ応答は

$$\begin{aligned}
f(t) &= 1 - e^{-\zeta\omega_n t}\left(\cos\sqrt{1-\zeta^2}\omega_n t + \frac{\zeta}{\sqrt{1-\zeta^2}}\sin\sqrt{1-\zeta^2}\omega_n t\right) \\
&= 1 - e^{-\zeta\omega_n t}\frac{1}{\sqrt{1-\zeta^2}}\cos\left(\sqrt{1-\zeta^2}\omega_n t - \arctan\frac{\zeta}{\sqrt{1-\zeta^2}}\right)
\end{aligned} \qquad (4.42)$$

で与えられ，**不足制動**と呼ばれる．

$\zeta = 0.2$ としたときのステップ応答を，図 4.15 に示す．固有角周波数 ω_n と減衰比 ζ の意味を図中に示している．図中の O_s は，**行き過ぎ量（オーバーシュート量）** と呼ばれる，制御系の過渡特性を表す重要な量の一つであり，次式より計算できる（第 11 章で詳しく述べる）．

$$O_s = \exp\left(-\frac{\pi\zeta}{\sqrt{1-\zeta^2}}\right) \tag{4.43}$$

また，行き過ぎ量に達する時間は**行き過ぎ時間**（T_P とする）と呼ばれ，次式で計算できる．

$$T_P = \frac{\pi}{\sqrt{1-\zeta^2}\omega_n} \tag{4.44}$$

式 (4.43) より，O_s は ζ の関数であり，ζ が小さいほど O_s は大きくなることがわかる．代表的な ζ と O_s の関係を表 4.3 に示す．また，この場合の極の位置を図 4.16 に示す．

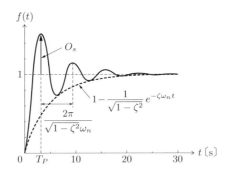

図 4.15　2 次遅れ要素のステップ応答（$\zeta = 0.2$，$\omega_n = 1$）

表 4.3　減衰比 ζ と行き過ぎ量 O_s の関係

ζ	O_s
0.4	0.25
0.6	0.1
0.707	0.05
1.0	0.0

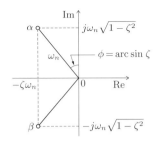

図4.16 2次遅れ要素の極の位置

(d) 持続振動（$\zeta = 0$ のとき）

この場合，純虚根であり，ステップ応答は次式で与えられる．

$$f(t) = 1 + \frac{1}{j\omega_n + j\omega_n}(-j\omega_n e^{j\omega_n t} - j\omega_n e^{j\omega_n t}) = 1 - \cos\omega_n t \tag{4.45}$$

持続振動のときのステップ応答の例を図4.17に示す．図では，$\omega_n = 1$ とおいた．
図4.18にさまざまな減衰比に対するステップ応答とインパルス応答を示す．ζ が

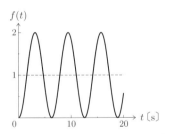

図4.17 2次遅れ要素のステップ応答（$\zeta = 0$）

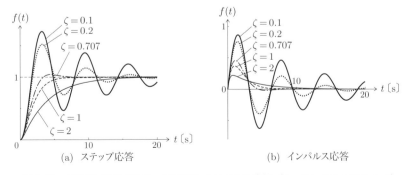

図4.18 2次遅れ要素のステップ応答とインパルス応答（$\zeta = 0.1, 0.2, 0.707, 1, 2$）

60   第4章　伝達関数

小さくなるにつれて，振動の振幅が大きくなり，さらに減衰も悪くなっていくことがわかる．

　以上のことについて，例題を通して理解を深めよう．

例題4.6

2次遅れ要素

$$G(s) = \frac{1}{(s+1)(100s+1)}$$

について，次の問いに答えなさい．

(1) このシステムの固有角周波数 ω_n と減衰比 ζ を求めなさい．

(2) このシステムのステップ応答を計算して，その概形を描きなさい．

解答

(1) 伝達関数を展開すると，

$$G(s) = \frac{1}{100s^2 + 101s + 1} = \frac{0.01}{s^2 + 1.01s + 0.01}$$

が得られる．これを2次遅れ要素の標準形と比較することにより，$\omega_n = 0.1$，$\zeta = 5.05$ が得られる．

(2) s 領域でステップ応答 y を計算すると，

$$y(s) = \frac{0.01}{s(s+1)(s+0.01)} = \frac{1}{s} + \frac{\frac{1}{99}}{s+1} - \frac{\frac{100}{99}}{s+0.01}$$

となる．これより，

$$y(t) = \mathcal{L}^{-1}[y(s)] = \left\{ 1 + \frac{1}{99}(e^{-t} - 100e^{-0.01t}) \right\} u_s(t)$$

が得られる．計算機を利用せずにこの図を正確に描くことは難しいが，$\zeta > 1$ で過制動なので，このステップ応答の値が 1 を超えることはない．ステップ応答の波形を図4.19に示す．　■

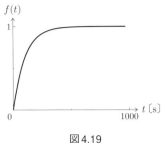

図 4.19

4.2.7 むだ時間要素

ある時刻 t に入力 $u(t)$ を加えたとき，その出力が時間 τ だけ遅れて出力に影響を及ぼすとき，すなわち，

$$y(t) = u(t - \tau) \tag{4.46}$$

のとき，τ をむだ時間と呼び，このような要素を**むだ時間要素**（dead-time element）という．

式 (4.46) の両辺をラプラス変換すると，次式が得られる．

$$y(s) = e^{-\tau s} u(s) \tag{4.47}$$

よって，むだ時間要素の伝達関数は，

$$G(s) = e^{-\tau s} \tag{4.48}$$

となる．$s = 0$ のまわりでの $e^{-\tau s}$ のテイラー展開

$$e^{-\tau s} = 1 - \tau s + \frac{1}{2!}(\tau s)^2 - \cdots \tag{4.49}$$

から明らかなように，むだ時間要素は s の有理関数ではなく，無限次元になる．そのため，コントローラ設計を行う際などに取り扱いが困難になる．

そこで, むだ時間要素を有理関数で近似したものに**パデ近似**（Padé approximation）がある．1 次，2 次パデ近似を以下に示す．

$$1\text{次パデ近似}: \quad G_1(s) = \frac{1 - \dfrac{\tau}{2}s}{1 + \dfrac{\tau}{2}s} \tag{4.50}$$

2次パデ近似： $G_2(s) = \dfrac{1 - \dfrac{\tau}{2}s + \dfrac{\tau^2}{12}s^2}{1 + \dfrac{\tau}{2}s + \dfrac{\tau^2}{12}s^2}$ (4.51)

パデ近似は，無理数である π を，たとえば 22/7 のような分数（有理数）で近似することに対応する．

4.3 ブロック線図

制御系はさまざまな要素から構成される．すでに第1章で述べたが，それらの要素の機能を図的に表現する方法に，**ブロック線図**（block diagram）がある．本節では，さまざまなシステムの接続を，ブロック線図を用いて与えよう．

4.3.1 直列接続

システム sys1 とシステム sys2 を図4.20のように**直列接続**（series connection）すると，全体のシステムは

$$\text{sys} = \text{sys1} \cdot \text{sys2} \tag{4.52}$$

となる．このように，システムを直列接続することは，乗算に対応する．このとき，乗算とブロック線図とでは sys1 と sys2 の順番が逆になっていることに注意する．これは次の計算式より明らかである．

$$y = \text{sys1} \cdot x = \text{sys1} \cdot (\text{sys2} \cdot u) = (\text{sys1} \cdot \text{sys2}) \cdot u$$

本書は線形システムのみを対象としており，線形システムの場合には乗算の順番を入れ替えることができる．すなわち，二つのシステムの伝達関数が $G_1(s)$ と $G_2(s)$ である場合，全体の伝達関数は

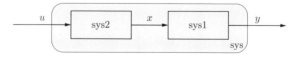

図4.20　システムの直列接続

$$G(s) = G_1(s)G_2(s) = G_2(s)G_1(s)$$

となる．しかし，非線形システムの場合には，伝達関数の順番を入れ替えることができないことに注意しよう．

4.3.2 並列接続

システム sys1 とシステム sys2 を図4.21のように**並列接続**（parallel connection）すると，全体のシステムは

$$\text{sys} = \text{sys1} + \text{sys2} \tag{4.53}$$

となる．このように，システムを並列接続することは，和算に対応する．

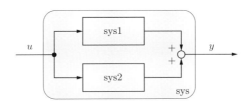

図4.21　システムの並列接続

4.3.3 フィードバック接続

二つのシステムはともに LTI システムとし，それぞれの伝達関数を $P(s), C(s)$ とする．このとき，図4.22 (a)のような二つのシステムの接続を**フィードバック接続**（feedback connection）という．図中の r から y までの伝達関数（$W(s)$ とする）は，方程式

$$y(s) = P(s)\{r(s) - C(s)y(s)\}$$

を変形することにより，次式のようになる．

$$W(s) = \frac{y(s)}{r(s)} = \frac{P(s)}{1 + P(s)C(s)} \tag{4.54}$$

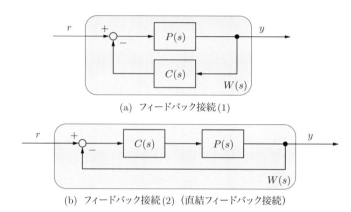

(a) フィードバック接続(1)

(b) フィードバック接続(2)（直結フィードバック接続）

図4.22　システムのフィードバック接続

たとえば，$P(s)$ と $C(s)$ がそれぞれ

$$P(s) = \frac{2s^2 + 5s + 1}{s^2 + 2s + 3}, \quad C(s) = \frac{5(s+2)}{s+10} \tag{4.55}$$

で与えられるとき，

$$W(s) = \frac{2s^3 + 2s^2 + 51s + 10}{11s^3 + 57s^2 + 78s + 40} \tag{4.56}$$

が得られる．

次に，システム sys1（$P(s)$）とシステム sys2（$C(s)$）が図 4.22 (b) のように直列接続され，さらにフィードバック接続されている場合を考える．この場合，フィードバック経路にシステムが存在しないので，**直結フィードバック接続**あるいは**単一フィードバック接続**と呼ばれる．このとき，図中の r から y までの伝達関数（$W(s)$ とする）は，次のようになる．

$$W(s) = \frac{y(s)}{r(s)} = \frac{P(s)C(s)}{1 + P(s)C(s)} \tag{4.57}$$

図 4.23 に，ブロック線図の加え合わせ点と引き出し点の移動をまとめる．

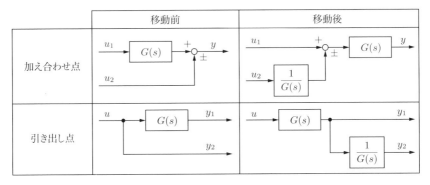

図 4.23 ブロック線図の加え合わせ点と引き出し点

例題を通してブロック線図の簡単化を学ぼう．

例題 4.7

図 4.24 のブロック線図を簡単化して，r から y までの伝達関数 $W(s)$ を求めなさい．

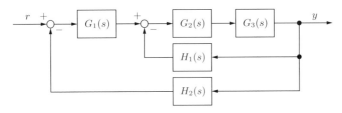

図 4.24

次に，それぞれのブロックの伝達関数が以下のように与えられるとき，r から y までの伝達関数 $W(s)$ を計算しなさい．

$$G_1(s) = \frac{1}{s+1}, \quad G_2(s) = \frac{1}{s+10}, \quad G_3(s) = \frac{s+5}{s^2+s+1}$$

$$H_1(s) = \frac{s+2}{s+3}, \quad H_2(s) = \frac{1}{s+4}$$

解答 ブロック線図の簡単化の過程を図 4.25 に示す．これより，求める伝達関数は，

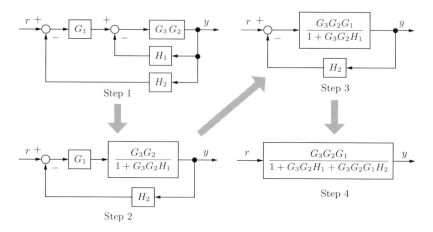

図 4.25

$$W(s) = \frac{G_3 G_2 G_1}{1 + G_3 G_2 H_1 + G_3 G_2 G_1 H_2}$$

となる.与えられた伝達関数を代入すると,

$$W(s) = \frac{s^3 + 12s^2 + 47s + 60}{s^6 + 19s^5 + 119s^4 + 331s^3 + 471s^2 + 408s + 175}$$

が得られる. ∎

次の例題で扱う DC サーボモータは,力学系と電気回路の両方を含んでおり,制御工学を勉強する上で基礎となる重要なシステムである.このようなシステムを扱う分野は,**メカトロニクス**(mechatronics)[3]と呼ばれている.

例題4.8 (DC サーボモータの回転角制御)

図 4.26 に示すように,電機子の端子電圧 $v_a(t)$ により DC(直流)サーボモータの回転角度 $\theta(t)$ を制御する問題を考える.

---

[3] メカトロニクスは,1969 年に安川電機の技術者によって作られた用語で,機械工学(mechanics)と電子工学(electronics)を合わせた和製英語である.1972 年に安川電機の商標として登録されたが,その後,安川電機が商標権を放棄し,現在は一般名称として使われており,海外でも普及している.

4.3 ブロック線図　67

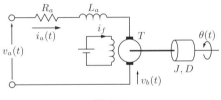

図 4.26

図において，R_a と L_a はそれぞれ電機子回路の抵抗およびインダクタであり，J と D はそれぞれ負荷の慣性モーメントおよび粘性抵抗を表す．また，界磁電流 i_f は一定とする．このとき，次の問いに答えなさい．

(1) 外乱トルク $T_d(t)$ を考慮してこのシステムを物理モデリングし，そのブロック線図を描きなさい．
(2) 外乱トルクが存在しない場合（すなわち，$T_d(t) = 0$ の場合），電機子の端子電圧 $v_a(t)$ からモータの回転角変位 $\theta(t)$ までの伝達関数を求めなさい．
(3) $v_a(t) = 0$ のとき，$T_d(t)$ から $\theta(t)$ までの伝達関数を求めなさい．
(4) $\theta(t)$ を $v_a(t)$ と $T_d(t)$ を用いて表しなさい．

解答

(1) 物理モデリングは，対象を支配する物理法則（微分方程式や代数方程式）をすべて書くことから始まる．

　発生トルク $T(t)$ は，界磁磁束と電機子電流 $i_a(t)$ の関数であるが，飽和がないとすれば，

$$T(t) = K_T i_a(t) + T_d(t) \tag{4.58}$$

が成立する．ただし，$T_d(t)$ は外乱トルクである．また，K_T をトルク定数（単位は Nm/A）という．このトルクにより回転運動の力学系が駆動され，

$$T(t) = J\frac{d\omega(t)}{dt} + D\omega(t) \tag{4.59}$$

が成立する．ここで，

$$\omega(t) = \frac{d\theta(t)}{dt}$$

68　第4章　伝達関数

は角速度である.

一方,電機子電流 $i_a(t)$ は電機子回路において,キルヒホッフの電圧則

$$R_a i_a(t) + L_a \frac{\mathrm{d}i_a(t)}{\mathrm{d}t} + v_b(t) = v_a(t) \tag{4.60}$$

を満たす.ここで,$v_b(t)$ は逆起電力であり,

$$v_b(t) = K_e \omega(t) \tag{4.61}$$

のように角速度 $\omega(t)$ に比例する.ここで,K_e は起電力定数と呼ばれ,その単位は V/(rad/s) である.

ここまでが物理の世界であり,これを情報の世界に変換するために,式 (4.58)〜(4.61) を,初期値を 0 としてラプラス変換する.すると,次式が得られる.

$$T(s) = Js\omega(s) + D\omega(s) \tag{4.62}$$

$$T(s) = K_T i_a(s) + T_d(s) \tag{4.63}$$

$$v_a(s) = R_a i_a(s) + L_a s i_a(s) + v_b(s) \tag{4.64}$$

$$v_b(s) = K_e \omega(s) \tag{4.65}$$

以下では,電機子と負荷の二つの部分に分けてブロック線図を描こう.

(a) **電機子回路** (電気系):式 (4.63) と式 (4.64) より,$v_e(s)$ を次のように定義し,変形する.

$$v_e(s) = v_a(s) - v_b(s) = (L_a s + R_a)i_a(s) = \frac{L_a s + R_a}{K_T}(T(s) - T_d(s)) \tag{4.66}$$

ここで,電機子電圧を入力,トルクを出力と考えると,その伝達関数 $G_1(s)$ は次のようになる.

$$G_1(s) = \frac{T(s)}{v_e(s)} = \frac{K_T}{L_a s + R_a} \tag{4.67}$$

(b) **負荷側** (力学系):トルクを入力,角速度を出力とすると,伝達関数 $G_2(s)$ は次のようになる.

$$G_2(s) = \frac{\omega(s)}{T(s)} = \frac{1}{Js + D} \tag{4.68}$$

(c) **角速度フィードバック**:式 (4.65) より,

$$v_b(s) = K_e \omega(s) \tag{4.69}$$

である．以上より，図4.27のブロック線図が得られる．図より明らかなように，逆起電力によって，第1章で述べた速度フィードバックが自然に導入されている点が興味深い．

(2) 図4.27のブロック線図を簡単化すると，$v_a(s)$ から $\theta(s)$ までの伝達関数は，

$$W(s) = \frac{\theta(s)}{v_a(s)} = \frac{K_T}{s[(L_a s + R_a)(Js + D) + K_T K_e]} \tag{4.70}$$

となる．これより，DC サーボモータの伝達関数は3次系であることがわかった．

さて，電機子時定数 L_a/R_a が小さい場合には，$L_a = 0$ とおくことができ，そのときの伝達関数は，次のような2次系になる．

$$W(s) = \frac{\theta(s)}{v_a(s)} = \frac{K_T}{s\{R_a J s + (R_a D + K_T K_e)\}} = \frac{K}{s(Ts+1)} \tag{4.71}$$

ただし，

$$T = \frac{R_a J}{R_a D + K_T K_e}, \qquad K = \frac{K_T}{R_a D + K_T K_e}$$

とおいた．

(3) (2) と同様な手順で計算すると，次式が得られる．

$$\frac{\theta(s)}{T_d(s)} = \frac{L_a s + R_a}{s\{(Js + D)(L_a s + R_a) + K_T K_e\}} \tag{4.72}$$

(4) (2), (3) の結果と重ね合わせの理より，$L_a = 0$ とおけば，

$$\theta(s) = \frac{K_T}{s\{R_a J s + (R_a D + K_T K_e)\}} v_a(s)$$

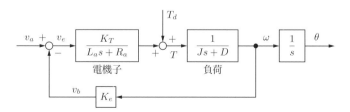

図4.27

$$+\frac{R_a}{s\{R_aJs+(R_aD+K_TK_e)\}}T_d(s) \tag{4.73}$$

が得られる. ■

例題 4.9

図 4.28 に示すブロック線図で記述されるシステムを考える.

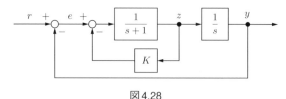

図 4.28

このとき, 次の問いに答えなさい. なお, 伝達関数はすべて s の降べきの順で書きなさい.

(1) r から y までの閉ループ伝達関数 ($W(s)$ とする) を求めなさい.
(2) r から e までの伝達関数を求めなさい.
(3) $W(s)$ の減衰比が 0.6 になるように, 定数 K を定めなさい.

解答

(1) 図 4.28 を図 4.29 のように描き直すと,

$$L(s)=\frac{1}{s^2+(1+K)s}$$

となる. これより, 次式が得られる.

$$W(s)=\frac{L(s)}{1+L(s)}=\frac{1}{s^2+(1+K)s+1}$$

(2) ブロック線図より,

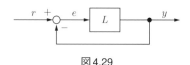

図 4.29

$$e(s) = \frac{1}{1 + L(s)} r(s)$$

が得られるので，r から e までの伝達関数は次式のようになる．

$$\frac{s^2 + (1 + K)s}{s^2 + (1 + K)s + 1}$$

(3) $W(s)$ の分母と 2 次遅れ要素の標準形のそれを係数比較すると，$\omega_n^2 = 1$ および $2\zeta\omega_n = 1 + K$ が得られる．これに $\zeta = 0.6$ を代入すると，次式が得られる．

$$K = 0.2$$
∎

4.3.4 基本演算素子を用いたブロック線図

図 4.30 に回路を実現するための三つの基本演算素子を示す．すなわち，加え合わせを行う**加算器**，係数倍を行う**係数倍器**，そして積分演算を行う**積分器**である[4]．ただし，積分器では初期値を 0 とおいた．

基本演算素子を用いて，ゲイン K の比例要素と時定数 T の 1 次遅れ要素からなる伝達関数

$$G(s) = \frac{K}{Ts + 1} \tag{4.74}$$

のブロック線図を記述してみよう．そのために分母の s の係数を 1 に規格化すると，

$$G(s) = \frac{K/T}{s + 1/T} = \frac{b}{s + a} \tag{4.75}$$

となる．ただし，$a = 1/T$，$b = K/T$ とおいた．

図 4.31 (a) に示す対象の入出力関係

$$y(s) = \frac{b}{s + a} u(s)$$

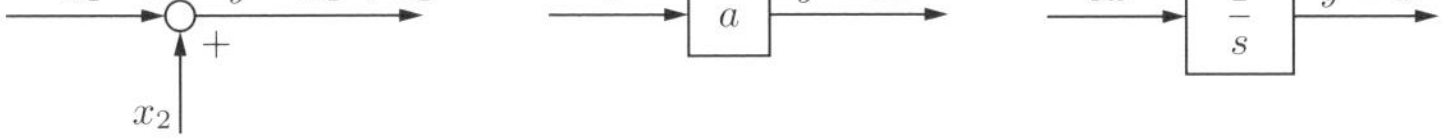

(a) 加算器   (b) 係数倍器   (c) 積分器

図 4.30 基本演算素子

---

4. 微分器は物理的に実現できないので，基本演算素子ではない．

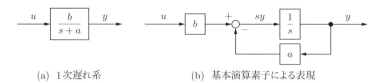

(a) 1次遅れ系　　(b) 基本演算素子による表現

図4.31　基本演算素子による1次遅れ系のブロック線図

は，次のように変形できる．

$$sy(s) = -ay(s) + bu(s) \tag{4.76}$$

これより，図4.31 (b)に示すブロック線図が得られる．初めて見ると，理解するのが難しいが，式(4.76)は図の加算器の部分の関係式を表している．図より，出力 y が係数倍器 a を介して負の値でフィードバックされていることがわかる．これは**負帰還**（negative feedback）と呼ばれ，このとき u から y のシステムは安定になる．もし a の符号が負であれば，**正帰還**（positive feedback）になり，システムは不安定になる．なお，フィードバックシステムの安定性については，第10章で詳しく述べる．

本章のポイント

- ▼ s 領域における線形システムの表現である伝達関数は，古典制御において中心的な役割を果たすことを理解すること．
- ▼ 基本要素，特に1次遅れ要素と2次遅れ要素の標準形を暗記し，その意味を理解すること．
- ▼ ブロック線図を用いたシステムの図的表現を使いこなせるようになること．

Control Quiz

4.1 次の伝達関数を持つシステムのステップ応答を計算し，その概形を図示しなさい．

(1) $\dfrac{100}{s+10}$　　(2) $\dfrac{s+3}{(s+1)(s+2)}$　　(3) $\dfrac{10e^{-2s}}{s+1}$　　(4) $\dfrac{1}{s^2+s+1}$

4.2 図 4.32 に示すブロック線図を簡単化して，r から y までの伝達関数を求めなさい．

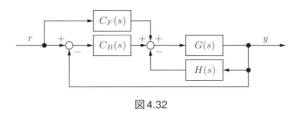

図 4.32

4.3 図 4.33 に示すブロック線図において

$$G(s) = \frac{10}{10s+1}$$

とするとき，次の問いに答えなさい．

(1) r から y までの閉ループ伝達関数 $W(s)$ を求めなさい．
(2) $W(s)$ の固有角周波数と減衰比がそれぞれ $\omega_n = 10$, $\zeta = 0.6$ になるように，K_1 と K_2 を定めなさい．

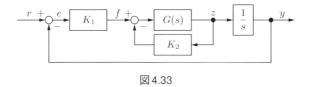

図 4.33

4.4 以下の式を導出しなさい．
 (1) 式 (4.39)　(2) 式 (4.42)　(3) 式 (4.43)　(4) 式 (4.44)

4.5 1次遅れ系のステップ応答の波形において，原点における接線がステップ応答の定常値と交わる時刻が時定数 T であることを示しなさい．

第5章　周波数伝達関数

　本章では，**周波数領域**（frequency domain）における LTI システムの表現である周波数伝達関数を導出し，これを図的に表現するボード線図とナイキスト線図を紹介する．本書で学習する古典制御では，周波数領域においてモデリング，解析，設計が行われることが多いので，周波数伝達関数を習得することは特に重要である．

5.1　周波数応答の原理と周波数伝達関数

　第3章では，単位インパルス信号 $\delta(t)$ に対する応答，すなわちインパルス応答を用いて，時間領域において LTI システムを特徴付けた．本章では，周波数領域において周波数 ω の正弦波入力 $\sin\omega t$ に対する応答によって，LTI システムを特徴付ける方法を与えよう[1]．

　まず，次の例題を考えよう．

例題 5.1　（周波数応答の計算）

伝達関数が

$$G(s) = \frac{1}{s+1} \tag{5.1}$$

である1次遅れ系に，周波数 ω の正弦波入力 $u(t) = \sin\omega t$ を印加したときの定常状態における出力 $y(t)$ を，ラプラス変換を用いて求めなさい．

解答　前章で学習したように，出力信号のラプラス変換 $y(s)$ を求め，それを逆ラプラス変換することにより，$y(t)$ を求めることができる．まず，正弦波のラプラス

---

[1]　本来，ω〔rad/s〕は「角周波数」と書くべきであるが，角周波数と周波数は混用されることが多いので，本書では厳密に区別する場合を除いて ω も「周波数」と書く．

変換は

$$u(s) = \mathcal{L}[\sin \omega t] = \frac{\omega}{s^2 + \omega^2}$$

なので，出力のラプラス変換は，次のように部分分数展開できる．

$$y(s) = G(s)u(s) = \frac{1}{s+1}\frac{\omega}{s^2+\omega^2} = \omega \frac{1}{s+1}\frac{1}{s-j\omega}\frac{1}{s+j\omega}$$

$$= \omega \left(\frac{\alpha}{s+1} + \frac{\beta}{s-j\omega} + \frac{\gamma}{s+j\omega} \right) \tag{5.2}$$

留数計算を行うと，α, β, γ はそれぞれ次のようになる．

$$\alpha = \frac{1}{1+\omega^2}$$

$$\beta = \frac{1}{j\omega+1}\frac{1}{j2\omega} = G(j\omega)\frac{1}{j2\omega}$$

$$\gamma = \frac{1}{-j\omega+1}\frac{1}{-j2\omega} = G(-j\omega)\frac{1}{-j2\omega}$$

これらの式を式 (5.2) に代入すると，

$$y(s) = \omega \left[\frac{\frac{1}{1+\omega^2}}{s+1} + \frac{G(j\omega)\frac{1}{j2\omega}}{s-j\omega} + \frac{G(-j\omega)\frac{1}{-j2\omega}}{s+j\omega} \right]$$

$$= \frac{\omega}{1+\omega^2}\frac{1}{s+1} + \frac{1}{j2}\left[\frac{G(j\omega)}{s-j\omega} - \frac{G(-j\omega)}{s+j\omega} \right]$$

が得られる．ここで，$G(j\omega)$ と $G(-j\omega)$ はともに s に依存しない定数であることに注意する．この $y(s)$ を逆ラプラス変換すると，

$$y(t) = \frac{\omega}{1+\omega^2}e^{-t} + \frac{1}{j2}\left[G(j\omega)e^{j\omega t} - G(-j\omega)e^{-j\omega t} \right] \tag{5.3}$$

が得られる．ここで，式 (5.3) 右辺第1項は $t \to \infty$ のとき 0 に向かう過渡項なので，定常状態においては右辺第2項だけを考慮すればよく，よって，定常状態における出力信号は次式のようになる．

$$y(t) = \frac{1}{j2}\left[G(j\omega)e^{j\omega t} - G(-j\omega)e^{-j\omega t} \right] \tag{5.4}$$

いま，$G(j\omega)e^{j\omega t}$ と $G(-j\omega)e^{-j\omega t}$ は複素共役なので，式 (5.4) 右辺は，

$$y(t) = \frac{1}{j2}\left[j2\,\mathrm{Im}\left[G(j\omega)e^{j\omega t} \right] \right] = \mathrm{Im}\left[G(j\omega)e^{j\omega t} \right] \tag{5.5}$$

76   第5章　周波数伝達関数

となる[2]．$G(j\omega)$ は複素数なので，

$$G(j\omega) = |G(j\omega)|e^{j\psi(\omega)}, \qquad \text{ただし，} \psi(\omega) = \angle G(j\omega) \tag{5.6}$$

のように極座標表現すると，式 (5.5) は，

$$y(t) = \mathrm{Im}\left[|G(j\omega)|e^{j\{\omega t + \psi(\omega)\}}\right] = |G(j\omega)|\mathrm{Im}\left[e^{j\{\omega t + \psi(\omega)\}}\right] \tag{5.7}$$

となる．さらに，オイラーの関係式[3]を用いると，

$$y(t) = |G(j\omega)|\sin\{\omega t + \psi(\omega)\} \tag{5.8}$$

が得られる．式 (5.8) より，「定常状態における出力 $y(t)$ は入力 $u(t)$ と同じ周波数 ω の正弦波となる」ことがわかる．ただし，振幅は $|G(j\omega)|$ 倍され，位相は $\psi(\omega)$ だけ変化する．そこで，振幅と位相がどのくらい変化するかを計算してみよう．

$G(j\omega)$ は複素数なので，実部と虚部に分解すると，

$$G(j\omega) = \frac{1}{1 + j\omega} = \frac{1}{1 + \omega^2} - j\frac{\omega}{1 + \omega^2}$$

となる．よって，振幅と位相はそれぞれ

$$|G(j\omega)| = \frac{1}{\sqrt{1 + \omega^2}} \tag{5.9}$$

$$\psi(\omega) = \mathrm{arc}\,\tan(-\omega) = -\mathrm{arc}\,\tan\omega \tag{5.10}$$

となる．これらを式 (5.7) に代入すると，出力の定常値

$$y(t) = \frac{1}{\sqrt{1 + \omega^2}}\sin(\omega t - \mathrm{arc}\,\tan\omega) \tag{5.11}$$

が得られる[4]．　　　　　　　　　　　　　　　　　　　　　　　　　　　■

　この例題より Point 5.1 が得られる．

---

[2]　ある複素数 z を $z = x + jy$ とおくと，$z - z^* = x + jy - (x - jy) = j2y = j2\,\mathrm{Im}(z)$ が得られる．ただし，$*$ は複素共役を表す．

[3]　$e^{j\theta} = \cos\theta + j\sin\theta = \mathrm{Re}(e^{j\theta}) + j\mathrm{Im}(e^{j\theta})$

[4]　以上の計算過程はやや複雑でわかりにくいかもしれないが，重要なので，ぜひ読者自身で計算を確認してほしい．

✣ Point 5.1 ✣　周波数応答の原理

LTI システムに周波数 ω の正弦波入力 $u(t) = \sin\omega t$ を印加すると，定常状態において，出力は

$$y(t) = |G(j\omega)|\sin\{\omega t + \psi(\omega)\} \tag{5.12}$$

となる．このように，出力は入力と同じ周波数 ω を持つ正弦波になる．ただし，振幅は $|G(j\omega)|$ 倍され，位相は $\psi(\omega)$ だけ変化する（図5.1参照）．これを**周波数応答の原理**という．

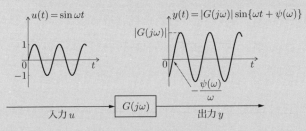

図 5.1　周波数応答の原理

このとき，周波数 ω をさまざまな値に変化させて得られる関数 $G(j\omega)$ ($\omega = 0 \sim \infty$) を**周波数伝達関数**(frequency transfer function) あるいは**周波数応答**(frequency response) という．これは周波数領域における LTI システムの入出力関係を記述する．また，$|G(j\omega)|$ を**ゲイン特性**（あるいは振幅特性），$\psi(\omega)$ を**位相特性**と呼ぶ．ゲイン特性と位相特性は，**周波数特性**と呼ばれる．

周波数応答の例として，例題 5.1 で与えた式 (5.1) の伝達関数を持つシステムに，3種類の正弦波

$$u_1(t) = \sin 0.1t, \qquad u_2(t) = \sin t, \qquad u_3(t) = \sin 10t$$

を印加したときの，それぞれの出力 $y_1(t)$, $y_2(t)$, $y_3(t)$ を計算した．それぞれの入出力波形を図5.2，図5.3に示す（入力を灰色で，出力を黒色で示した）．図5.2は100秒までの範囲，図5.3は10秒までの範囲を示している．これらの図より，まず，定常状態においては，出力正弦波の周波数は入力正弦波の周波数と一致していることがわかる．次に，入力正弦波の周波数によって出力正弦波の振幅が大きく異なって

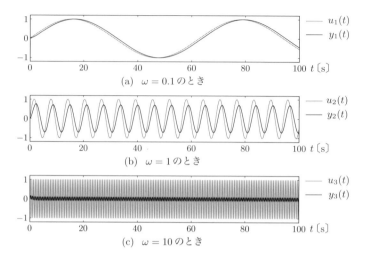

図 5.2　異なる角周波数の正弦波に対する応答（$0 \leq t \leq 100$）

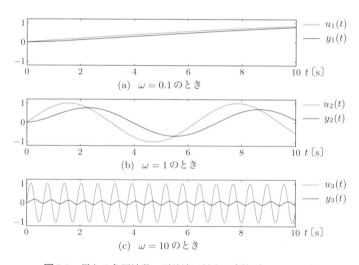

図 5.3　異なる角周波数の正弦波に対する応答（$0 \leq t \leq 10$）

いることがわかるだろう．式 (5.9) より，$\omega_0 = 0.1$ の場合には $|G(j0.1)| \approx 1$ であり，$\omega_0 = 1$ の場合には $|G(j1)| \approx 0.707$，$\omega_0 = 10$ の場合には $|G(j10)| \approx 0.1$ であるが，これらの数値はそれぞれに対応する出力正弦波の図面（波形の縦方向の大きさ）から読み取ることができる．また，入力する正弦波の周波数が高くなるにつれ

て，入出力信号間の位相のずれ（波形の横方向のずれ）が大きくなることも，図から
わかる．

さて，時間領域におけるたたみ込み積分

$$y(t) = g(t) * u(t) \tag{5.13}$$

をフーリエ変換すると，ラプラス変換のときと同様に

$$y(j\omega) = G(j\omega)u(j\omega) \tag{5.14}$$

が得られる．ただし，

$$
\begin{cases}
u(j\omega) = \displaystyle\int_{-\infty}^{\infty} u(t)e^{-j\omega t}\mathrm{d}t \\[2mm]
y(j\omega) = \displaystyle\int_{-\infty}^{\infty} y(t)e^{-j\omega t}\mathrm{d}t \\[2mm]
G(j\omega) = \displaystyle\int_{-\infty}^{\infty} g(t)e^{-j\omega t}\mathrm{d}t
\end{cases}
\tag{5.15}
$$

である．このとき，Point 5.2を得る．

❖ Point 5.2 ❖　LTI システムの周波数伝達関数の定義

周波数伝達関数 $G(j\omega)$ は，次の二つの方法で定義される．

(1) 周波数伝達関数は，入出力信号のフーリエ変換の比である．すなわち

$$G(j\omega) = \frac{y(j\omega)}{u(j\omega)}$$

(2) 周波数伝達関数は，インパルス応答 $g(t)$ のフーリエ変換である．すなわち，

$$G(j\omega) = \int_{-\infty}^{\infty} g(t)e^{-j\omega t}\mathrm{d}t$$

このように，インパルス応答 $g(t)$ と周波数伝達関数 $G(j\omega)$ はフーリエ変換対で
ある．

例題を通して，周波数伝達関数を計算してみよう．

80 第5章 周波数伝達関数

例題 5.2

LTI システムのインパルス応答

$$g(t) = \frac{1}{T} e^{-\frac{t}{T}} u_s(t)$$

が与えられたとき，フーリエ変換を用いて周波数伝達関数 $G(j\omega)$ を求めなさい.

解答 $\displaystyle G(j\omega) = \int_0^\infty \frac{1}{T} e^{-\frac{t}{T}} e^{-j\omega t} \mathrm{d}t = \frac{1}{T} \int_0^\infty e^{-\left(\frac{1}{T}+j\omega\right)t} \mathrm{d}t = \frac{1}{1 + j\omega T}$ ∎

システムの伝達関数が既知である場合には，次のように周波数伝達関数を計算することができる.

❖ Point 5.3 ❖ 周波数伝達関数の計算法

LTI システムの伝達関数 $G(s)$ が既知であれば，$s = j\omega$ とおいた $G(j\omega)$ が周波数伝達関数になる.

例題 5.3

伝達関数が

$$G(s) = \frac{1}{s^3 + 3s^2 + 3s + 1}$$

のとき，周波数伝達関数 $G(j\omega)$ を求めなさい.

解答 $s = j\omega$ とおくと，

$$
\begin{aligned}
G(j\omega) &= \frac{1}{(j\omega)^3 + 3(j\omega)^2 + 3j\omega + 1} = \frac{1}{(1 - 3\omega^2) + j(3\omega - \omega^3)} \\
&= \frac{1 - 3\omega^2}{(1 - 3\omega^2)^2 + (3\omega - \omega^3)^2} - j\frac{3\omega - \omega^3}{(1 - 3\omega^2)^2 + (3\omega - \omega^3)^2}
\end{aligned}
\tag{5.16}
$$

となる. ∎

時間領域，s 領域，そして，周波数領域における LTI システムの表現の関係について，Point 5.4 にまとめる.

❖ Point 5.4 ❖　時間領域，s 領域，周波数領域における LTI システムの表現

フーリエ変換は，s 平面上の虚軸上（周波数軸上）のラプラス変換と考えることができるので，ラプラス変換とフーリエ変換は密接に関係している．伝達関数と周波数伝達関数も密接に関係している．それらとインパルス応答の関係を図 5.4 に示す．

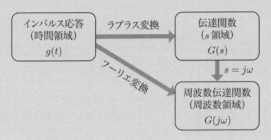

図 5.4　時間領域，s 領域，周波数領域における LTI システムの表現

例題 5.4

インパルス応答が

$$g(t) = e^{-10t}\, u_s(t)$$

である LTI システムについて，次の問いに答えなさい．

(1) 伝達関数 $G(s)$ を求めなさい．
(2) 周波数伝達関数 $G(j\omega)$ を求め，そのゲイン特性 $|G(j\omega)|$ と位相特性 $\angle G(j\omega)$ を計算しなさい．
(3) このシステムの周波数特性の特徴を述べなさい．

解答

(1) インパルス応答をラプラス変換すると，

$$G(s) = \frac{1}{s+10} = \frac{0.1}{0.1s+1}$$

が得られる．

82 第5章 周波数伝達関数

(2) 伝達関数に $s = j\omega$ を代入すると，周波数伝達関数は

$$G(j\omega) = \frac{1}{j\omega + 10} = \frac{10}{100 + \omega^2} - j\frac{\omega}{100 + \omega^2}$$

となる．これより，ゲイン特性と位相特性は，それぞれ次のようになる．

$$|G(j\omega)| = \frac{1}{\sqrt{100 + \omega^2}}$$

$$\angle G(j\omega) = \arctan\left(-\frac{\omega}{10}\right) = -\arctan\left(\frac{\omega}{10}\right)$$

(3) たとえば，次のようなことがわかる．

- 周波数 ω が増加するとゲイン特性は減少するので，このシステムは低域通過特性を持つ．

- $\omega = 0$ のときのゲイン，すなわち定常ゲインは，0.1 である．これをデシベル表示すると，-20 dB である．

- $\omega = 0$ のとき位相は $0°$ であり，$\omega \to \infty$ のとき位相は $-90°$ に向かう．■

5.2 周波数伝達関数の表現

たとえば，例題5.3 では周波数伝達関数 $G(j\omega)$ が式 (5.16) で与えられたが，この式の意味は，眺めているだけではほとんどわからないだろう．そこで，本節では，周波数伝達関数を直観的に理解しやすくするために，周波数伝達関数の図面を描く方法を紹介する．

5.2.1 ボード線図

周波数伝達関数 $G(j\omega)$ のゲイン特性 $|G(j\omega)|$ と位相特性 $\angle G(j\omega)$ を，周波数 ω の関数として2枚のグラフに図示したものを，**ボード線図**（Bode diagram）という．ここで，ゲイン特性を $g(\omega)$ とおき，次式のように**デシベル表示**する（表5.1）．

$$g(\omega) = 20\log_{10}|G(j\omega)| \text{〔dB〕}$$

一例として，2次遅れ系

$$G(s) = \frac{1}{s^2 + s + 1} \tag{5.17}$$

表5.1 数字のデシベル表示

線形	デシベル
⋮	⋮
100	40 dB
10	20 dB
1	0 dB
0.1	−20 dB
0.01	−40 dB
⋮	⋮

のボード線図を図5.5に示す．ここで，横軸の周波数は対数軸であり，横軸において10倍の間隔を**1デカード**（decade，以下 dec と略す）という．上図を**ゲイン線図**，下図を**位相線図**という．ゲイン線図は両対数グラフであることに注意する．

さて，図5.6に示す二つの周波数伝達関数の直列接続を考える．

$$G_1(j\omega) = |G_1(j\omega)|\angle G_1(j\omega), \qquad G_2(j\omega) = |G_2(j\omega)|\angle G_2(j\omega)$$

のように極座標表現すると，全体の周波数伝達関数は次のようになる．

$$\begin{aligned}G(j\omega) &= G_1(j\omega)G_2(j\omega) \\ &= |G_1(j\omega)||G_2(j\omega)|\angle\{\angle G_1(j\omega) + \angle G_2(j\omega)\}\end{aligned} \tag{5.18}$$

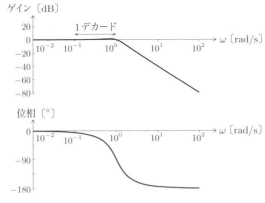

図5.5　ボード線図の一例

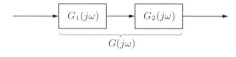

図 5.6　直列接続

したがって，$G(j\omega)$ のゲイン特性 $g(\omega)$ は

$$g(\omega) = 20\log_{10}|G(j\omega)| = 20\log_{10}|G_1(j\omega)| + 20\log_{10}|G_2(j\omega)|$$
$$= g_1(\omega) + g_2(\omega) \tag{5.19}$$

より計算できる．すなわち，直列接続のゲイン特性は，ボード線図上において代数和で計算できる．同様にして，位相特性も代数和で計算できる．すなわち，

$$\angle G(j\omega) = \angle G_1(j\omega) + \angle G_2(j\omega) \tag{5.20}$$

となる．このように，二つのシステムの直列接続は，ボード線図上では加算で簡単に計算できる．

　ボード線図上のゲイン特性の和の例を図 5.7 に示す．以上で示したように，「ボード線図は直列接続に適した表現形式」である．逆にいうと，ボード線図は並列接続には適していない．本書で説明する古典制御については，「古典制御は基本的にシステムの直列接続に適した制御系設計法」と言える．

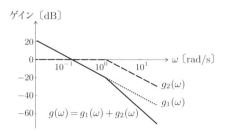

図 5.7　直列接続のボード線図

5.2.2　ナイキスト線図

　周波数伝達関数 $G(j\omega)$ の実部を横軸，虚部を縦軸として直交座標系にプロットし，周波数を 0（あるいは $-\infty$）から ∞ まで変化させて描いた軌跡のことを**ベクトル軌**

コラム2 ── ボード（Hendrik W. Bode）（1905〜1982）

ボードは米国のオハイオ州立大学の修士課程を修了してAT & Tのベル研究所に入り，1929年から数学研究グループで，電気回路理論と通信へのその応用について研究した．1935年，コロンビア大学でPh.D（博士号）を取得し，1938年にシステムの周波数応答を図示する**ボード線図**を開発した． さらに，ボード線図を自動制御システムへ応用し，フィードバックシステムの安定性を手軽に判定する方法を，同僚のナイキスト（Harry Nyquist）とともに開発した．ボードは，最小位相系のゲイン特性と位相特性がヒルベルト変換で関係付けられるという「ボードの定理」も見出した．

当時，ベル研究所には，ナイキストをはじめ，フィードバック増幅器を提案したブラック，サンプリング定理やサイバネティックスで有名なシャノンが在籍していた．20世紀前半の米国のベル研究所には，制御理論を含むシステム科学のスター研究者が勢揃いしていたことになる．

1945年にボードは "Network Analysis and Feedback Amplifier Design"（ネットワーク解析とフィードバック増幅器の設計）というテキストを出版し，多くの大学で教科書として使用された．さらに，ボードは宇宙開発の黎明期にも関わり，フォン・ブラウンが委員長をした「宇宙工学に関する特別委員会」の委員でもあった（写真参照）．

彼の没後，1989年にIEEE（米国電気電子学会）の制御システムソサエティが，Hendrik W. Bode Lecture Prize という賞を創設した．

「宇宙工学に関する特別委員会」（1958年5月26日，左列の手前から4人目がボード，右端がフォン・ブラウン）

跡 (vector locus) といい，その結果描かれた図を**ナイキスト線図** (Nyquist diagram) という．

例として，図5.8に式(5.17)のナイキスト線図を示す．第10章で詳しく述べるが，ナイキスト線図はフィードバック系の安定性の判別法として有名なナイキストの安定判別法において利用される．

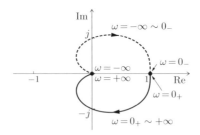

図5.8 ナイキスト線図の一例

5.3 基本要素の周波数伝達関数

本節では，4.2節で与えた基本要素のボード線図とナイキスト線図の描き方を紹介しよう．

5.3.1 比例要素

比例要素 $G(s) = K$ の周波数伝達関数は，

$$G(j\omega) = K, \quad K > 0 \tag{5.21}$$

となり，このボード線図とナイキスト線図を図5.9に示す．この場合，伝達関数は周波数に依存しないので，常に一定のゲイン $g(\omega) = 20\log_{10} K$ をとり，位相も $0°$ の一定値をとる．

5.3.2 微分要素

微分要素 $G(s) = Ts$ の周波数伝達関数は，

$$G(j\omega) = j\omega T \tag{5.22}$$

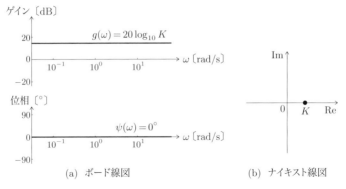

(a) ボード線図 (b) ナイキスト線図

図5.9　比例要素のボード線図とナイキスト線図

となる．このゲイン特性 $g(\omega)$ と位相特性 $\psi(\omega)$ はそれぞれ

$$g(\omega) = 20\log_{10}\omega T \text{ [dB]}, \qquad \psi(\omega) = 90°$$

なので，このボード線図とナイキスト線図は，図5.10のようになる．

　まず，この場合，正の大きさの純虚数なので，位相は常に 90° 進んでいる．次に，$x = \log_{10}\omega T$ とおけば，ゲイン特性は $g = 20x$ という傾きが 20 の直線になることから，$g(\omega)$ の図が得られる．このとき，横軸が 10 倍になるとゲインが 20 dB 増加するので，傾きは 20 dB/dec であるという．また，ボード線図において横軸の周波

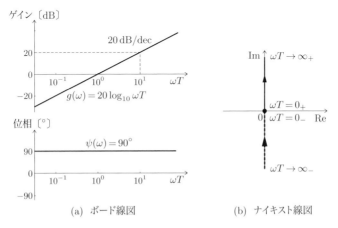

(a) ボード線図 (b) ナイキスト線図

図5.10　微分要素のボード線図とナイキスト線図

88 第5章 周波数伝達関数

数は，ωT と規格化されていることに注意する．横軸を ω〔rad/s〕とする場合には，軸の目盛りを $1/T$ 倍すればよい．

次に，**近似微分要素**

$$G(s) = \frac{Ts}{Ts+1}$$

について考えよう．$s = j\omega$ を代入すると，

$$G(j\omega) = \frac{j\omega T}{1 + j\omega T} \tag{5.23}$$

となる．このとき，次式が得られる．

$$g(\omega) = 20\log_{10}|G(j\omega)| = 20\log_{10}\frac{\omega T}{\sqrt{1+\omega^2 T^2}} \tag{5.24}$$

$$\psi(\omega) = \operatorname{arc\,tan}\left(\frac{1}{\omega T}\right) \tag{5.25}$$

微分要素と異なり，これらの式は複雑な形をしているので，正確なボード線図を簡単に描くことはできない．そこで，ここでは**折線近似法**と呼ばれるボード線図の簡便な描き方を与えよう．この方法では ωT の大きさにより，次のように場合分けする．

(a)　$\omega T \ll 1$ のとき，　$g(\omega) \approx 20\log_{10}\omega T$〔dB〕　　　$\psi(\omega) \approx 90°$

(b)　$\omega T = 1$ のとき，　$g(\omega) = 20\log_{10}1/\sqrt{2} \approx -3$〔dB〕　$\psi(\omega) = 45°$

(c)　$\omega T \gg 1$ のとき，　$g(\omega) \approx 0$〔dB〕　　　　　　　　$\psi(\omega) \approx 0°$

(a)より，$\omega T \ll 1$ の範囲では $g(\omega)$ は 20 dB/dec の傾きの直線で近似でき，(c)より，$\omega T \gg 1$ のときには 0 dB の直線で近似できることがわかる．このように，2本の直線によって，近似微分要素のゲイン特性を簡単に描くことができる．このとき，$\omega T = 1$ となる周波数 $\omega = 1/T$ を**折点周波数**（break point frequency）という．折点周波数において，2本の直線によるゲイン特性の近似誤差は最大値約 3 dB をとる．以上より，図5.11に示すボード線図が得られる．ゲイン特性の図において，微分要素のそれを破線で示している．$\omega T \ll 1$ のとき，微分要素と近似微分要素はほぼ一致しており，近似微分要素は低周波帯域における微分要素の近似であることがわかる．

さて，微分要素と近似微分要素の位相特性は，常に正の値をとる．すなわち，これらの要素は位相を進ませる働きがあるため，**位相進み要素**（phase lead element）と

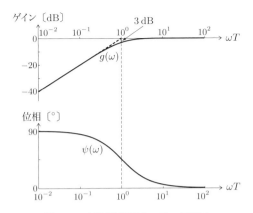

図5.11 近似微分要素のボード線図

も呼ばれる．また，ゲイン特性を見ると，高域になるにつれてゲインが増加するので，微分要素，近似微分要素は**高域通過フィルタ**（high-pass filter）である．

次に，近似微分要素のナイキスト線図を描こう．式(5.23) より

$$G(j\omega) + \frac{1}{j\omega T}G(j\omega) = 1 \tag{5.26}$$

が得られる．これは点0と点1を両端とする線分を直径とする円の方程式を表す．なぜならば，$G(j\omega)$と$(1/j\omega T)G(j\omega)$は位相差が90°なので直交しているからである．よって，図5.12が得られる．図は$\omega = 0 \sim \infty$の正の周波数部分のみを示している．

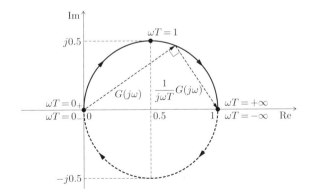

図5.12 近似微分要素のナイキスト線図

5.3.3 積分要素

積分要素 $G(s) = 1/(Ts)$ の周波数伝達関数

$$G(j\omega) = \frac{1}{j\omega T} = -j\frac{1}{\omega T} \tag{5.27}$$

について考える．

積分要素と微分要素 $j\omega T$ を直列接続すると，ゲインが 1（すなわち 0 dB），位相が 0° になる．このとき，積分要素は微分要素の**逆システム**であると言われる．ある要素 $G(j\omega)$ のボード線図が既知の場合には，その逆システム $G^{-1}(j\omega)$ のボード線図は，もとのボード線図のゲインと位相の符号を反転させてプロットするだけで，簡単に作図できる．すなわち，ゲイン特性は 0 dB の直線に関して対称に，位相特性は 0° の直線に関して対称に描けばよい．なぜならば，

$$20\log_{10}\left|\frac{1}{G(j\omega)}\right| = -20\log_{10}|G(j\omega)|, \qquad \angle\frac{1}{G(j\omega)} = -\angle G(j\omega)$$

が成り立つからである．これより，図 5.13 (a) が得られる．このとき，ゲイン特性の傾きは，-20 dB/dec である．図 5.13 には，ナイキスト線図もあわせて示す．

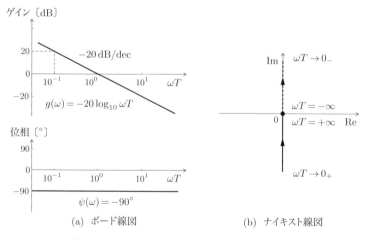

図 5.13　積分要素のボード線図とナイキスト線図

5.3.4　1次遅れ要素

伝達関数が

$$G(s) = \frac{1}{Ts+1}$$

である**1次遅れ要素**の周波数伝達関数

$$G(j\omega) = \frac{1}{1+j\omega T} \tag{5.28}$$

に対して，近似微分要素のときと同様に，次のように場合分けする．

(a) $\omega T \ll 1$ のとき，　$g(\omega) \approx 0$ 〔dB〕　　　　　　　$\psi(\omega) \approx 0°$
(b) $\omega T = 1$ のとき，　$g(\omega) = 20\log_{10} 1/\sqrt{2} \approx -3$ 〔dB〕　$\psi(\omega) = -45°$
(c) $\omega T \gg 1$ のとき，　$g(\omega) \approx -20\log_{10} \omega T$ 〔dB〕　　$\psi(\omega) \approx -90°$

これより，図5.14のボード線図が得られる．また，図5.15にナイキスト線図を示す．

積分要素と1次遅れ要素は，位相の値が常に負なので**位相遅れ要素**（phase lag element）と呼ばれる．また，ゲイン特性より，これらの要素は**低域通過フィルタ**（low-pass filter）である．このとき，$\omega = 1/T$ を**遮断周波数**（cut-off frequency）[5] と

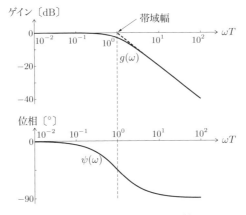

図5.14　1次遅れ要素のボード線図

---

[5] もちろん折点周波数ともいう．

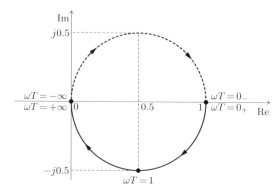

図 5.15　1 次遅れ要素のナイキスト線図

いう．また，この遮断周波数をこの低域通過フィルタの**帯域幅**（あるいは**バンド幅**（bandwidth））ともいう．言い換えると，$\omega = 0$ における定常ゲインより約 3 dB ゲインが下がる周波数を帯域幅という．

以上より，積分要素と 1 次遅れ要素の関係は，微分要素と近似微分要素の関係と対になっていることがわかる．

5.3.5　1 次進み要素

1 次進み要素 $G(s) = Ts + 1$ の周波数伝達関数

$$G(j\omega) = 1 + j\omega T \tag{5.29}$$

について考える．これを 1 次遅れ要素と直列接続すると，ゲインが 0 dB になることより，図 5.16 (a) に示すボード線図が描ける．また，図 5.16 (b) にナイキスト線図を示す．

例題 5.5

次の伝達関数のボード線図を描きなさい．なお，ゲイン線図は折線近似法を用いなさい．

(1)　$G(s) = \dfrac{10}{10s + 1}$　　　(2)　$G(s) = \dfrac{s+1}{s}$

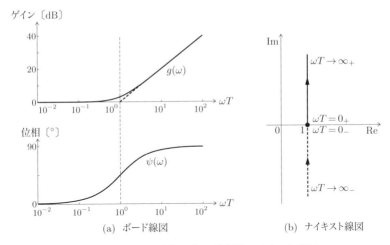

図 5.16　1次進み要素のボード線図とナイキスト線図

解答

(1) この伝達関数を基本要素に分解すると，

$$G(s) = 10\frac{1}{10s+1}$$

となるので，$G(s)$ は大きさ 10 の比例要素と，時定数 $T = 10$ の1次遅れ要素の直列接続である．時定数より，折点周波数は $1/10 = 0.1$ rad/s である．これら二つの要素をボード線図上で足し合わせると，図 5.17 (a) のゲイン特性が得られる．位相特性もあわせて示す．

(2) この伝達関数を基本要素に分解すると，

$$G(s) = \frac{1}{s}(s+1)$$

となるので，$G(s)$ は積分器と $T = 1$ の1次進み要素の直列接続である．よって，それぞれのゲイン線図を足し合わせると，図 5.17 (b) が得られる． ∎

例題 5.6

次の伝達関数のボード線図を描きなさい．

(1)　$G(s) = \dfrac{s+1}{10s+1}$　　　(2)　$G(s) = \dfrac{10s+1}{s+1}$

94　第5章　周波数伝達関数

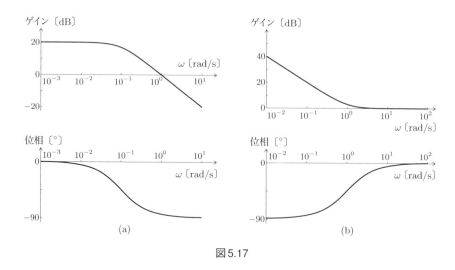

図5.17

解答　それぞれのボード線図を図5.18 (a), (b) に示す．これらの二つの伝達関数は，分子と分母が逆になっている．すなわち，互いに逆システムの関係にある．分子と分母の時定数の逆数である折点周波数の大小関係から，異なるボード線図になっている．(1) の伝達関数は**位相遅れ要素**と呼ばれ，(2) の伝達関数は**位相進み要素**と呼ばれる．　　■

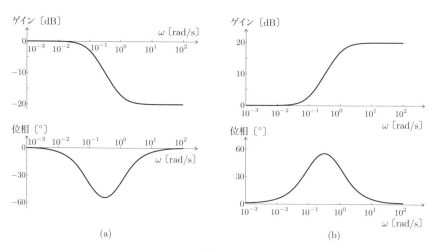

図5.18

5.3.6 2次遅れ要素

2次遅れ要素の伝達関数

$$G(s) = \frac{\omega_n^2}{s^2 + 2\zeta\omega_n s + \omega_n^2} \tag{5.30}$$

で $s = j\omega$ とおくと，その周波数伝達関数は，

$$G(j\omega) = \frac{\omega_n^2}{(\omega_n^2 - \omega^2) + j2\zeta\omega_n\omega} \tag{5.31}$$

になる．いま，ω_n により規格化された周波数を $\varOmega = \omega/\omega_n$ とおくと，

$$G(j\varOmega) = \frac{1}{(1 - \varOmega^2) + j2\zeta\varOmega} \tag{5.32}$$

が得られる．この $G(j\varOmega)$ のゲイン特性と位相特性は，それぞれ次のようになる．

$$g(\varOmega) = -20\log_{10}\sqrt{(1 - \varOmega^2)^2 + (2\zeta\varOmega)^2} \tag{5.33}$$

$$\psi(\varOmega) = -\text{arc}\tan\frac{2\zeta\varOmega}{1 - \varOmega^2} \tag{5.34}$$

$\varOmega$ の大きさにより，次のように場合分けできる．

(a) $\varOmega \ll 1$ のとき， $g(\varOmega) \approx 0$ 〔dB〕 $\psi(\varOmega) \approx 0°$

(b) $\varOmega = 1$ のとき， $g(\varOmega) = -20\log_{10}(2\zeta)$ 〔dB〕 $\psi(\varOmega) = -90°$

(c) $\varOmega \gg 1$ のとき， $g(\varOmega) \approx -40\log_{10}\varOmega$ 〔dB〕 $\psi(\varOmega) \approx -180°$

これより，ゲイン特性は $\varOmega \to 0$ のときは $0\,\text{dB}$ に，$\varOmega \to \infty$ のときは $-40\,\text{dB/dec}$ の2本の直線に漸近することがわかる．$\varOmega = 1$ のときのゲインの値は，減衰比 ζ に依存する．そこで，さまざまな ζ に対するボード線図を図5.19に示す．また，図5.19と同じ減衰比に対する2次遅れ要素のナイキスト線図を図5.20に示す．

図5.19より，減衰比 ζ が小さい場合，すなわち減衰が悪い場合には，ゲイン特性は $\varOmega = 0$ の付近で極大値（ピーク）を持つことがわかる．そこで，

$$|G(j\varOmega)| = \left|\frac{1}{(1 - \varOmega^2) + j2\zeta\varOmega}\right| \tag{5.35}$$

を $\varOmega$ に関して微分して 0 とおくことにより，ピークを与える規格化周波数 $\varOmega_p$ を求めることができ，これは

$$\varOmega_p = \sqrt{1 - 2\zeta^2} \tag{5.36}$$

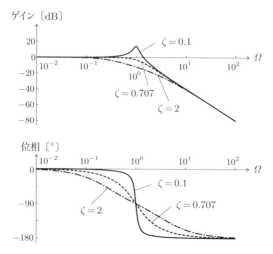

図5.19 さまざまな ζ に対する2次遅れ要素のボード線図

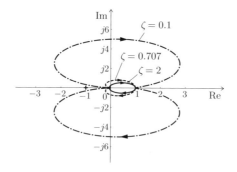

図5.20 さまざまな ζ に対する2次遅れ要素のナイキスト線図

となる．ここで，Ω を ω に戻すと，

$$\omega_p = \omega_n \sqrt{1 - 2\zeta^2} \tag{5.37}$$

が得られる．ここで，ω_p は**ピーク周波数**（peak frequency）あるいは，**共振周波数**（resonant frequency）と呼ばれる．

ピークが存在するためには，式 (5.37) の平方根の中が正でなくてはならないので，ζ は次式を満たさなければならない．

$$0 < \zeta < \frac{1}{\sqrt{2}} \approx 0.707 \tag{5.38}$$

このように，式 (5.38) の範囲では，$|G(j\omega)| > 1$ ($= 0$ dB) となる周波数帯域が存在し，振動系になる．そして，このときのゲイン

$$M_p = \frac{1}{2\zeta\sqrt{1-\zeta^2}} \tag{5.39}$$

をピークゲイン (peak gain) あるいは M ピーク値と呼ぶ．

5.3.7 むだ時間要素

むだ時間要素 $G(s) = e^{-\tau s}$ の周波数伝達関数は，

$$G(j\omega) = e^{-j\omega\tau} \tag{5.40}$$

となる．よって，ゲイン特性と位相特性はそれぞれ

$$g(\omega) = 20\log_{10}|e^{-j\omega\tau}| = 0 \ [\text{dB}], \qquad \psi(\omega) = -\omega\tau \ [\text{rad}] \tag{5.41}$$

となる．

一例として，$\tau = 1$ の場合のボード線図を図 5.21 に示す．図より明らかなように，むだ時間要素のゲインは常に 1 ($= 0$ dB) となる．そのため，**全域通過関数** (all-pass function) と呼ばれる．一方，位相は周波数に比例して遅れる．

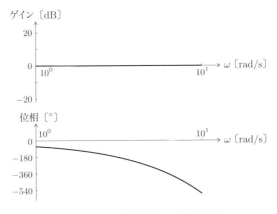

図 5.21　むだ時間要素のボード線図

98 第5章 周波数伝達関数

ここまでで，さまざまな基本要素の周波数伝達関数のボード線図とナイキスト線図を紹介した．これらの結果を用いて，少し複雑な伝達関数のボード線図を描いてみよう．

例題 5.7

伝達関数が

$$G(s) = \frac{100(s+1)}{s(s+10)}$$

であるシステムのボード線図（ゲイン特性のみでよい）を，折線近似法を用いて描きなさい．

解答 伝達関数を基本要素の積の形式に変形する（この操作が重要である）．

$$G(s) = \frac{100(s+1)}{s(s+10)} = 10\frac{1}{s}\frac{1}{0.1s+1}(s+1)$$
$$= G_1(s)G_2(s)G_3(s)G_4(s)$$

このように，$G(s)$ は四つの伝達関数 $G_1(s) \sim G_4(s)$（それぞれ，比例要素，積分要素，1次遅れ要素，1次進み要素に対応）の直列接続と考えられるので，それぞれのボード線図を描き，それらを加算すればよい．その結果を図 5.22 (a) に示す．参考のために，MATLAB で計算したボード線図を図 5.22 (b) に示す．これらの図より，伝達関数が1次系までの直列接続（2次系を含まない）であれば，ゲイン特性は折線近似法で精度良く手軽に作図できることがわかる．ただし，位相特性はこのように容易に描くことはできない． ■

5.3.8 位相特性の描き方

これまで述べてきたように，ボード線図のゲイン特性は折線近似法で手軽に作図することができるが，位相特性を描くことは容易ではない．そこで，近似的に位相特性を作図する方法を与えよう．

伝達関数のすべての極と零点が s 平面の左半平面に存在するとき，このシステムは**最小位相系**であると言われる．この最小位相系に対して，ゲインの傾きが一定の

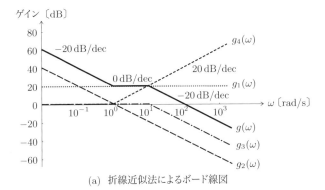

(a) 折線近似法によるボード線図

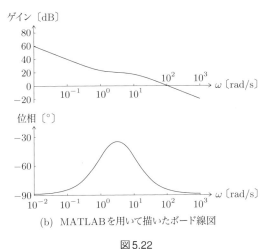

(b) MATLABを用いて描いたボード線図

図 5.22

区間では，ゲイン特性と位相特性の間に，大まかな言い方であるが，ボードの定理より次のような関係が成り立つ．

- ゲインの傾きが 0 dB/dec の場合，位相は 0° である．
- ゲインの傾きが −20 dB/dec の場合，位相は −90° である．
- ゲインの傾きが −40 dB/dec の場合，位相は −180° である．

これを参考にして，位相特性の概形を描くことができる．

たとえば，例題 5.7 で得られたボード線図（図 5.22）を見てみよう．ゲイン線図より，ゲインの傾きは，$\omega < 1$ の帯域では -20 dB/dec であり，$1 < \omega < 10$ の帯域で

は 0 dB/dec, $\omega > 10$ の帯域では再び -20 dB/dec である．これより，$\omega \ll 1$ の低周波帯域と，$\omega \gg 10$ の高周波帯域では位相は $-90°$ に近づく．このことは位相線図からも確認できる．一方，$1 < \omega < 10$ あたりの中間周波数帯域では，ゲインの傾きが頻繁に変わるため，位相はゲインの傾きから予想される $0°$ にはなっておらず，位相線図より約 $-35°$ である．

次に，伝達関数の極と零点が s 平面の右半平面に一つでも存在するとき，このシステムは**非最小位相系**であると言われる．非最小位相系の場合，最小位相系のときのようなゲインと位相の関係は成り立たない．このことについて，次の例題で見ていこう．

例題5.8

次の伝達関数のボード線図を描きなさい．

$$(1) \quad G(s) = \frac{1}{s-1} \qquad (2) \quad G(s) = \frac{1-s}{1+s}$$

解答

(1) 周波数伝達関数は

$$G(j\omega) = \frac{1}{j\omega - 1} = -\frac{1}{1+\omega^2} - j\frac{\omega}{1+\omega^2}$$

となるので，$|G(j\omega)| = 1/\sqrt{1+\omega^2}$ となり，伝達関数 $1/(s+1)$ のゲイン特性とまったく同じになる．$G(j\omega)$ の実部と虚部はともに負なので，これは複素平面の第3象限に存在することに注意して，位相を求めよう．$\omega = 0$ のとき，$G(j\omega) = -1$ なので，$\angle G(j\omega) = -180°$ になる．$\omega = 1$ のとき，$G(j\omega) = 1/(j-1)$ なので，$\angle G(j\omega) = -135°$ になる．$\omega \to \infty$ のとき，$G(j\omega) \to 1/j\omega$ なので，$\angle G(j\omega) = -90°$ になる．以上より，図5.23 (a) のボード線図が得られる．

この伝達関数は右半平面に極を持つので，最小位相系ではなく，前述のゲインと位相の関係を満たしていない．そのため，ゲインの傾きが 0 dB/dec の低域で，位相が $-180°$ である．

(2) 周波数伝達関数は

$$G(j\omega) = \frac{1 - j\omega}{1 + j\omega}$$

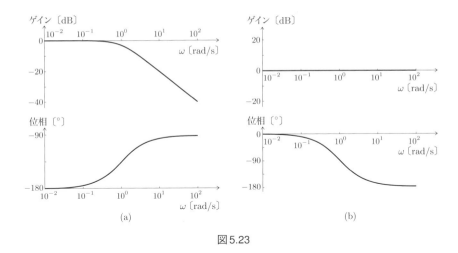

図 5.23

なので,すべての ω に対して $|G(j\omega)| = 1$ である.次に,位相を計算する. $\omega = 0$ のとき, $G(j\omega) = 1$ なので, $\angle G(j\omega) = 0°$ である. $\omega = 1$ のとき, $G(j\omega) = (1-j)/(1+j) = -j$ なので, $\angle G(j\omega) = -90°$ である. $\omega \to \infty$ のとき, $G(j\omega) \to -1$ なので, $\angle G(j\omega) = -180°$ である.以上より,図 5.23 (b) のボード線図が得られる. ∎

この伝達関数は $\tau = 2$ のむだ時間の 1 次パデ近似なので,得られた周波数伝達関数のゲインは 0 dB で一定であり,位相だけ遅れていることがわかる.

5.4 周波数伝達関数の意味——ボード線図の読み方

周波数応答の原理をもう一度以下に記述する.

> ❖ **Point 5.5** ❖ 周波数応答の原理(再訪)
>
> ある周波数の正弦波を LTI システムに印加すると,定常状態における出力は,振幅と位相は異なるが周波数は等しい正弦波になる.

すなわち,LTI システムに正弦波入力 $u(t) = a\sin\omega t$ を印加すると,出力の定常値は $y(t) = b\sin(\omega t + \psi)$ となるので,周波数 ω におけるシステムのゲイン特性と位

相特性は，それぞれ

$$|G(j\omega)| = \frac{b}{a}, \qquad \angle G(j\omega) = \psi \tag{5.42}$$

より計算できる．

　通常，制御対象の伝達関数は未知であるので，何らかの方法で対象の伝達関数あるいは周波数伝達関数を求める必要がある．この作業はモデリングと呼ばれるが，特に，実験的にモデリングを行う方法として**システム同定**がある．

　対象にさまざまな周波数の正弦波を印加し，そのときの定常応答から，その周波数におけるゲイン・位相特性を求めるシステム同定法を**正弦波掃引法**という．ひとたびボード線図が与えられれば，ある周波数 ω におけるゲインと，位相を読み取ることができる．

　たとえば，図5.24に示すボード線図が何らかの方法で得られたとする．このとき，$u_1(t) = \sin 0.1t$ と $u_2(t) = \sin 100t$ に対する定常応答を，ボード線図を使ってそれぞれ求めてみよう．

　まず，入力信号 $u_1(t)$ は周波数 $\omega = 0.1$ rad/s の正弦波である．その周波数のゲインと位相をボード線図から読み取ると，ゲインは約 0 dB = 1 で，位相は 0° である．したがって，定常応答 $y_1(t)$ は，

$$y_1(t) = \sin 0.1t$$

である．次に，$u_2(t)$ であるが，その周波数のゲインと位相をボード線図から読み取

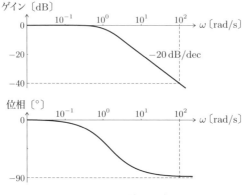

図 5.24　ボード線図の読み方

ると，ゲインは約 -40 dB $= 0.01$ で，位相は約 $-90°$ である．したがって，定常応答 $y_2(t)$ は，

$$y_2(t) = 0.01 \sin(100t - 90°)$$

である．これがボード線図の読み方である．

5.5　システムの $\mathcal{H}_\infty$ ノルム

本節では，ロバスト制御理論において中心的な役割を果たす，システムの $\mathcal{H}_\infty$ ノルムを簡単に紹介しよう[6]．

> ❖ Point 5.6 ❖　システムの $\mathcal{H}_\infty$ ノルム
>
> 周波数伝達関数が $G(j\omega)$ である LTI システムの $\mathcal{H}_\infty$ ノルムは，次式で定義される．
>
> $$\|G\|_\infty = \sup_\omega |G(j\omega)| \tag{5.43}$$

Point 5.6 において，sup は最小上界であるが，馴染みのない読者は，本書では max と見なして差し支えない．

$\mathcal{H}_\infty$ ノルムは，定義より明らかなように，周波数伝達関数 $G(j\omega)$ の最大振幅値である．したがって，図 5.25 に示すように，ボード線図上ではゲイン特性の最大値，ナ

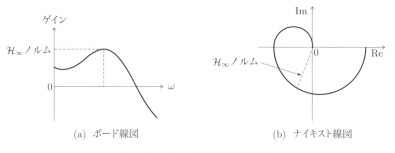

図 5.25　$\mathcal{H}_\infty$ ノルムの図的解釈

---

[6]　本節の内容は少し程度が高いので，最初は読み飛ばしてもよい．

104   第5章   周波数伝達関数

イキスト線図上では原点から最も遠い点までの距離が $\mathcal{H}_\infty$ ノルムになる．原点など虚軸上に極を持つシステムにおいて $\mathcal{H}_\infty$ ノルムが定義できないことは，ナイキスト線図を考えると容易に理解できる．

　例題を通して $\mathcal{H}_\infty$ ノルムを計算していこう．

例題 5.9

伝達関数が

$$G(s) = \frac{10}{10s + 1}$$

である LTI システムの $\mathcal{H}_\infty$ ノルムを計算しなさい．

解答　例題 5.5 の解答で示したボード線図（図5.17）より明らかなように，最大振幅値は 10（= 20 dB）であるので，$\|G\|_\infty = 10$ となる．　　■

例題 5.10

次の 2 次遅れ系の $\mathcal{H}_\infty$ ノルムを計算しなさい．

$$G(s) = \frac{\omega_n^2}{s^2 + 2\zeta\omega_n s + \omega_n^2}$$

解答　5.3.6項で説明したように，$0 < \zeta \leq 0.707$ のとき，ゲイン特性 $|G(j\omega)|$ は，極大値

$$G_p = \frac{1}{2\zeta\sqrt{1 - \zeta^2}}$$

をとる．したがって，$\mathcal{H}_\infty$ ノルムは

$$\|G\|_\infty = \begin{cases} \dfrac{1}{2\zeta\sqrt{1 - \zeta^2}}, & 0 < \zeta \leq 0.707 \\ 1, & \zeta > 0.707 \end{cases}$$

となる．　　■

　以上で示した 1 次系や 2 次系の例題では，簡単な計算によって $\mathcal{H}_\infty$ ノルムを求めることができた．しかし，より高次系の $\mathcal{H}_\infty$ ノルムを計算するためには，伝達関数

の振幅の最大値を求める必要があるため，一般に計算で求めることができず，何らかの探索を行う必要がある．

本章のポイント

▼ 周波数領域において線形性を規定する周波数応答の原理を理解すること．

▼ システムの周波数特性の重要性を理解すること．

▼ 折線近似法を用いてシステムのボード線図を描けるようになること．

▼ ボード線図とナイキスト線図が読めるようになること．

▼ ボード線図はシステムの直列接続に適した表現であることを理解すること．

Control Quiz

5.1 次の伝達関数を持つシステムのボード線図を，折線近似法を利用して描きなさい．

$$(1)\quad G_1(s) = \frac{10s+1}{100s+1} \cdot \frac{0.1s+1}{0.01s+1} \qquad (2)\quad G_2(s) = \frac{s+10}{s(s+1)(s+100)}$$

5.2 次の伝達関数を持つシステムの $\mathcal{H}_\infty$ ノルムを求めなさい．

$$(1)\quad G_1(s) = \frac{100s+1}{s+1} \qquad (2)\quad G_2(s) = \frac{1}{s^2+0.2s+1}$$

$$(3)\quad G_3(s) = \frac{1}{s(s+1)}$$

5.3 次の伝達関数を持つシステムのナイキスト線図を描きなさい．

$$G(s) = \frac{1}{10s+1}$$

5.4 伝達関数が

$$G(s) = \frac{1}{5s+1}$$

である LTI システムに，$u_1(t) = \sin 0.001t$，$u_2(t) = \sin 10t$ をそれぞれ入力したときの出力信号の定常値を求めなさい．

第6章

状態空間表現

第3章から第5章で述べたインパルス応答,伝達関数,そして周波数伝達関数による LTI システムの表現は,システムの入出力関係に着目したものであり,システムの**外部記述**と呼ばれる.それに対して,1960 年代初頭にカルマンによって提案された状態空間表現は,システムの内部状態に着目したものであり,システムの**内部記述**と呼ばれる.制御対象を状態空間表現することにより,(本書の範囲を超えてしまうが) 現代制御理論やカルマンフィルタを適用することが可能になる.状態空間表現を理解するためには,ベクトルや行列など線形代数の知識が必要になるが,本章では 2×2 行列を取り扱うので,大学1年生程度の数学の知識で,ほとんどの部分は理解できるだろう[1].

6.1 LTI システムの状態空間表現

第1章で述べたように,質量 m の質点に力 $u(t)$ を加えたとき,変位を $y(t)$ とすると,運動方程式

$$m\frac{\mathrm{d}^2 y(t)}{\mathrm{d}t^2} = u(t) \tag{6.1}$$

が導かれる.まず,この LTI システムを例にとって,このシステムの状態空間表現を導出しよう.

位置 $y(t)$ とその微分値である速度 $\mathrm{d}y(t)/\mathrm{d}t$ を二つの**状態変数** (state variable) に選び,これらを $x_1(t)$, $x_2(t)$ とおく.すなわち,

$$x_1(t) = y(t) \tag{6.2}$$

---

[1] 本章では,現代制御のためのシステムの表現について述べるので,古典制御をまず習得したい読者は,本章をスキップしてもよいだろう.

$$x_2(t) = \frac{\mathrm{d}x_1(t)}{\mathrm{d}t} = \frac{\mathrm{d}y(t)}{\mathrm{d}t} \tag{6.3}$$

として，式 (6.2), (6.3) をそれぞれさらに時間微分すると，

$$\frac{\mathrm{d}x_1(t)}{\mathrm{d}t} = x_2(t) \tag{6.4}$$

$$\frac{\mathrm{d}x_2(t)}{\mathrm{d}t} = \frac{\mathrm{d}^2y(t)}{\mathrm{d}t^2} = \frac{1}{m}u(t) \tag{6.5}$$

が得られる．ここで，式 (6.1) を用いた．

行列とベクトルを利用すると，式 (6.4), (6.5) は，次のように簡潔に表現できる．

$$\frac{\mathrm{d}}{\mathrm{d}t}\left[\begin{array}{c} x_1(t) \\ x_2(t) \end{array}\right] = \left[\begin{array}{cc} 0 & 1 \\ 0 & 0 \end{array}\right]\left[\begin{array}{c} x_1(t) \\ x_2(t) \end{array}\right] + \left[\begin{array}{c} 0 \\ \dfrac{1}{m} \end{array}\right]u(t) \tag{6.6}$$

さらに，出力 $y(t)$ は次式のように表現できる．

$$y(t) = \left[\begin{array}{cc} 1 & 0 \end{array}\right]\left[\begin{array}{c} x_1(t) \\ x_2(t) \end{array}\right] \tag{6.7}$$

式 (6.6), (6.7) を LTI システムの状態空間表現という．

まず，状態変数の定義を次に与えよう．

❖ Point 6.1 ❖　状態変数

　運動方程式の例では，状態変数として位置と速度を選んだ．一般に，状態変数とは，ある時刻の出力を求めるために必要な，その時刻以前のシステムの履歴に関する情報を含む量と定義される．したがって，状態変数はダイナミックシステムに特有なものであり，スタティックシステムには存在しない．

　さて，式 (6.1) の LTI システムにおいて，入力 $u(t)$ から出力 $y(t)$ までの伝達関数は

$$G(s) = \frac{1}{ms^2}$$

であるので，このシステムは2次系である．この例より，2次系を状態空間表現するためには，最低二つの状態が必要である．

　式 (6.6), (6.7) の運動方程式の例を一般化すると，Point 6.2 が得られる．

❖ Point 6.2 ❖ 状態空間表現

入力が $u(t)$，出力が $y(t)$ である1入力1出力 LTI システム（n 次系とする）は，次式のように記述できる．

$$\frac{\mathrm{d}}{\mathrm{d}t}\boldsymbol{x}(t) = \boldsymbol{A}\boldsymbol{x}(t) + \boldsymbol{b}u(t) \tag{6.8}$$

$$y(t) = \boldsymbol{c}^T\boldsymbol{x}(t) + du(t) \tag{6.9}$$

ここで，$\boldsymbol{x}(t)$ は n 次元状態ベクトルと呼ばれる．また，$\boldsymbol{A}$ は $n \times n$ 行列である．$\boldsymbol{b}$ は n 次元列ベクトルであり，システムに対して入力がどのように影響するかというアクチュエータの情報を表している．$\boldsymbol{c}$ も n 次元列ベクトルであり，測定値がどのように観測されるかというセンサの情報を表している．d はスカラであり，直達項を表す．さらに，^{T} は行列の転置を表す．

このとき，式 (6.6) を**状態方程式** (state equation)，式 (6.7) を**出力方程式** (output equation) といい，両者をあわせて**状態空間表現** (state-space description) という．

n 次系は本来 n 階微分方程式で記述されるが，n 次元状態ベクトルを導入することによって，1階の行列微分方程式（すなわち1次系）に変換される点が，状態空間表現の特徴である．

状態方程式を用いたシステムの表現を図6.1に示す（図では直達項は無視した）．第3～5章では，入力 $u(t)$ と出力 $y(t)$ の直接的な関係，すなわち入出力関係を考えてきたが，状態空間表現では入力 $u(t)$ から状態変数 $\boldsymbol{x}(t)$ へ，状態変数 $\boldsymbol{x}(t)$ から出力 $y(t)$ へと，2段階に分けて考えているところが，それらの章と異なっている．カルマンによって，入出力に次ぐ第3の量である状態変数が導入されたことによって，制御工学は大きく進展した．

図6.1　状態変数を用いたシステムの表現

【注意 1】 本書では，行列は A のように大文字の太字で，断りがなければベクトルは列ベクトルとし，b のように小文字の太字で表記する．

【注意 2】 本書では，1入力1出力システムに限定して説明していくが，状態空間表現は多入力多出力システムへ容易に拡張できる．この拡張性は状態空間表現の特徴である．

【注意 3】 横軸を位置，縦軸を速度とする平面は，力学の世界（あるいは，常微分方程式の世界）では**位相平面**（あるいは，相平面）として，カルマンが状態空間表現を提案する前から知られていた（図 6.2 参照）．また，次元が 3 以上の場合には位相空間（あるいは，相空間）と呼ばれる．カルマンは，これらの考え方を巧みにシステム制御理論に取り入れた．

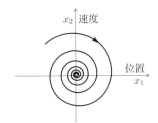

図 6.2 横軸を位置，縦軸を速度とした位相平面（状態空間）

式 (6.6)，(6.7) と式 (6.8)，(6.9) をそれぞれ比較すると，次式が得られる．

$$A = \begin{bmatrix} 0 & 1 \\ 0 & 0 \end{bmatrix}, \quad b = \begin{bmatrix} 0 \\ \dfrac{1}{m} \end{bmatrix}, \quad c = \begin{bmatrix} 1 \\ 0 \end{bmatrix}, \quad d = 0$$

この例では $d = 0$ となったが，伝達関数が**厳密に**プロパーな場合には，必ず $d = 0$ となる．一方，伝達関数がバイプロパーな場合には d は値を持つ．

例題を通して，状態空間表現の導出法を理解していこう．

例題 6.1

微分方程式

$$m\frac{\mathrm{d}^2 y(t)}{\mathrm{d}t^2} + c\frac{\mathrm{d}y(t)}{\mathrm{d}t} + ky(t) = u(t)$$

で記述されるバネ・マス・ダンパシステムの状態空間表現を求めなさい．

コラム3 ── カルマン（Rudolf E. Kalman）（1930〜）

カルマンはハンガリーのブダペストで生まれた．第2次世界大戦の戦火を逃れるために，1944年に一家で米国に入国した．その後，1951年に MIT（マサチューセッツ工科大学）に入学し，1953年に電気工学の学士号，1954年に修士号を取得した．彼の修士論文のテーマは「2次差分方程式の解の挙動」であった．1957年にコロンビア大学で Ph.D（博士号）を取得した．

1960年前後に，本章で説明したシステムの状態空間表現を提唱し，それに基づく制御系設計法である「現代制御理論」と，制御系設計と双対問題であるフィルタリングに対する「カルマンフィルタ」を相次いで提案した．

彼は IBM 研究所を経て，1964年にスタンフォード大学教授となり，1971年にはフロリダ大学で数学的システム論センター教授と所長を兼任した．さらに，1973年からはスイス連邦工科大学（ETH）の数学的システム論講座の教授を兼任した．夏は涼しいスイスで，冬は暖かいフロリダで過ごしたそうである．

1985年に京都賞（先端技術部門賞）を受賞した．2008年には，慣性航法の父と呼ばれるドレイパーの名を冠した Draper Prize を受賞した．この賞は「カルマンフィルタとして知られる最適ディジタル技術の開発と普及」に対して贈られた．

カルマンは近代的な制御理論の基礎を築いた「制御理論の父」である．

2009年に米国国家科学賞を受賞した際のカルマン教授
ⓒMANDEL NGAN/AFP

6.1 LTI システムの状態空間表現　　111

解答　$y(t)$ と $dy(t)/dt$ を二つの状態変数 $x_1(t)$, $x_2(t)$ に選ぶと，

$$\frac{dx_1(t)}{dt} = x_2(t)$$

$$\frac{dx_2(t)}{dt} = \frac{1}{m}\left(-c\frac{dy(t)}{dt} - ky(t) + u(t)\right) = -\frac{c}{m}x_2(t) - \frac{k}{m}x_1(t) + \frac{1}{m}u(t)$$

が得られる．これをまとめると，状態空間表現

$$\frac{d}{dt}\begin{bmatrix} x_1(t) \\ x_2(t) \end{bmatrix} = \begin{bmatrix} 0 & 1 \\ -\dfrac{k}{m} & -\dfrac{c}{m} \end{bmatrix}\begin{bmatrix} x_1(t) \\ x_2(t) \end{bmatrix} + \begin{bmatrix} 0 \\ \dfrac{1}{m} \end{bmatrix}u(t)$$

$$y(t) = \begin{bmatrix} 1 & 0 \end{bmatrix}\begin{bmatrix} x_1(t) \\ x_2(t) \end{bmatrix}$$

を得る．　　　　　　　　　　　　　　　　　　　　　　　　　　　　　■

例題6.2

2次遅れ系の標準形

$$G(s) = \frac{\omega_n^2}{s^2 + 2\zeta\omega_n s + \omega_n^2}$$

の状態空間表現を求めなさい．

解答　例題6.1 と同じように計算すると，このシステムの状態空間表現は

$$\frac{d}{dt}\begin{bmatrix} x_1(t) \\ x_2(t) \end{bmatrix} = \begin{bmatrix} 0 & 1 \\ -\omega_n^2 & -2\zeta\omega_n \end{bmatrix}\begin{bmatrix} x_1(t) \\ x_2(t) \end{bmatrix} + \begin{bmatrix} 0 \\ \omega_n^2 \end{bmatrix}u(t) \tag{6.10}$$

$$y(t) = \begin{bmatrix} 1 & 0 \end{bmatrix}\begin{bmatrix} x_1(t) \\ x_2(t) \end{bmatrix} \tag{6.11}$$

となる．　　　　　　　　　　　　　　　　　　　　　　　　　　　　　■

例題6.3　（振子の状態空間表現）

図6.3に示す長さ l，質量 m の振子は，摩擦がないと仮定すると，運動方程式

$$\frac{d^2\theta(t)}{dt^2} + \omega_n^2 \sin\theta(t) = \frac{1}{ml^2}T(t)$$

を満たす．ただし，$\omega_n = \sqrt{g/l}$ であり，g は重力加速度である．トルク $T(t)$ を入力，角度 $\theta(t)$ を出力とするとき，この運動方程式を $\theta = 0$ のまわりで線形化して，

状態方程式を導きなさい．ただし，状態変数を $x_1(t) = \omega_n \theta(t)$, $x_2(t) = \mathrm{d}\theta(t)/\mathrm{d}t$ とおく．

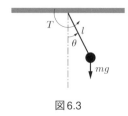

図6.3

解答 二つの状態変数の微分は，それぞれ次のようになる．

$$\frac{\mathrm{d}x_1(t)}{\mathrm{d}t} = \omega_n x_2(t) \tag{6.12}$$

$$\frac{\mathrm{d}x_2(t)}{\mathrm{d}t} = -\omega_n^2 \sin\left(\frac{x_1(t)}{\omega_n}\right) + \frac{1}{ml^2}T(t) \tag{6.13}$$

$\theta = 0$, すなわち $x_1 = 0$ のまわりで $\sin x_1$ を線形化すると，$\sin x_1 \approx x_1$ となる．これを用いると，式 (6.13) は，

$$\frac{\mathrm{d}x_2(t)}{\mathrm{d}t} = -\omega_n x_1(t) + \frac{1}{ml^2}T(t) \tag{6.14}$$

と近似できる．式 (6.12) と式 (6.14) をまとめると，次の状態空間表現が得られる．

$$\frac{\mathrm{d}}{\mathrm{d}t}\begin{bmatrix} x_1(t) \\ x_2(t) \end{bmatrix} = \begin{bmatrix} 0 & \omega_n \\ -\omega_n & 0 \end{bmatrix}\begin{bmatrix} x_1(t) \\ x_2(t) \end{bmatrix} + \begin{bmatrix} 0 \\ \dfrac{1}{ml^2} \end{bmatrix}T(t) \tag{6.15}$$

$$y(t) = \begin{bmatrix} \dfrac{1}{\omega_n} & 0 \end{bmatrix}\begin{bmatrix} x_1(t) \\ x_2(t) \end{bmatrix} \tag{6.16}$$

これは，外生入力（強制項）を持つ振子の単振動の状態空間表現である． ∎

6.2　状態空間表現と伝達関数の関係

式 (6.8), (6.9) の状態空間表現を，初期値を 0 としてラプラス変換すると，

$$s\boldsymbol{x}(s) = \boldsymbol{A}\boldsymbol{x}(s) + \boldsymbol{b}u(s) \tag{6.17}$$

$$y(s) = \boldsymbol{c}^T \boldsymbol{x}(s) + du(s) \tag{6.18}$$

6.2 状態空間表現と伝達関数の関係　113

が得られる．ただし，$\boldsymbol{x}(s) = \mathcal{L}[\boldsymbol{x}(t)]$，$u(s) = \mathcal{L}[u(t)]$，$y(s) = \mathcal{L}[y(t)]$ とおいた．
式 (6.17) より，

$$(s\boldsymbol{I} - \boldsymbol{A})\boldsymbol{x}(s) = \boldsymbol{b}u(s)$$

を得る．ここで，$\boldsymbol{I}$ は単位行列である．よって，$(s\boldsymbol{I} - \boldsymbol{A})$ が正則行列であれば，

$$\boldsymbol{x}(s) = (s\boldsymbol{I} - \boldsymbol{A})^{-1}\boldsymbol{b}u(s)$$

となる．これを式 (6.18) に代入すると，

$$y(s) = \left[d + \boldsymbol{c}^T(s\boldsymbol{I} - \boldsymbol{A})^{-1}\boldsymbol{b}\right]u(s)$$

となる．以上より，Point 6.3 を得る．

❖ Point 6.3 ❖　状態空間表現から伝達関数への変換

入力 $u(s)$ から出力 $y(s)$ までの伝達関数は，状態空間表現の $(\boldsymbol{A}, \boldsymbol{b}, \boldsymbol{c}, d)$ より次のように計算できる．

$$G(s) = \frac{y(s)}{u(s)} = d + \boldsymbol{c}^T(s\boldsymbol{I} - \boldsymbol{A})^{-1}\boldsymbol{b} = d + \frac{\boldsymbol{c}^T\mathrm{adj}(s\boldsymbol{I} - \boldsymbol{A})\boldsymbol{b}}{\det(s\boldsymbol{I} - \boldsymbol{A})} \tag{6.19}$$

ただし，$\mathrm{adj}(s\boldsymbol{I} - \boldsymbol{A})$ は余因子行列を，$\det(s\boldsymbol{I} - \boldsymbol{A})$ は行列式を表す．

式 (6.19) から明らかなように，伝達関数の分母多項式は状態方程式の行列 $\boldsymbol{A}$ のみに依存する．また，システムの極は，$\det(s\boldsymbol{I} - \boldsymbol{A}) = 0$ の根，すなわち，行列 $\boldsymbol{A}$ の固有値に一致する．一方，システムの零点は，主に $\boldsymbol{b}$ と $\boldsymbol{c}$，すなわち，アクチュエータとセンサの情報に依存する．

例題 6.4

例題 6.1 で導出した状態空間表現から伝達関数を計算しなさい．

解答　まず，$(s\boldsymbol{I} - \boldsymbol{A})^{-1}$ を計算する．

$$(s\boldsymbol{I} - \boldsymbol{A})^{-1} = \begin{bmatrix} s & -1 \\ \dfrac{k}{m} & s + \dfrac{c}{m} \end{bmatrix}^{-1} = \frac{1}{ms^2 + cs + k}\begin{bmatrix} ms + c & m \\ -k & ms \end{bmatrix}$$

114　第6章　状態空間表現

よって，伝達関数は次式となる．

$$G(s) = \boldsymbol{c}^T(s\boldsymbol{I} - \boldsymbol{A})^{-1}\boldsymbol{b}$$

$$= \frac{1}{ms^2 + cs + k} \begin{bmatrix} 1 & 0 \end{bmatrix} \begin{bmatrix} ms+c & m \\ -k & ms \end{bmatrix} \begin{bmatrix} 0 \\ \dfrac{1}{m} \end{bmatrix} = \frac{1}{ms^2 + cs + k}$$

このように，もとのバネ・マス・ダンパシステムの伝達関数が得られた．　　■

例題6.5

状態空間表現

$$\frac{\mathrm{d}}{\mathrm{d}t}\boldsymbol{x}(t) = \begin{bmatrix} 0 & 1 \\ 0 & -1 \end{bmatrix} \boldsymbol{x}(t) + \begin{bmatrix} 0 \\ 1 \end{bmatrix} u(t)$$

$$y(t) = \begin{bmatrix} 1 & 0 \end{bmatrix} \boldsymbol{x}(t)$$

で記述される LTI システムの伝達関数を計算しなさい．

解答　伝達関数は

$$G(s) = \begin{bmatrix} 1 & 0 \end{bmatrix} \begin{bmatrix} s & -1 \\ 0 & s+1 \end{bmatrix}^{-1} \begin{bmatrix} 0 \\ 1 \end{bmatrix} = \frac{1}{s^2 + s}$$

となる．　　■

例題6.6

例題6.3で導出した振子の状態空間表現から伝達関数を計算しなさい．そして，極を計算しなさい．

解答　伝達関数は，

$$G(s) = \frac{\dfrac{1}{ml^2}}{s^2 + \omega_n^2}$$

となる．これより，極は $s = \pm j\omega_n$ となる．この例題では減衰のない単振動なので，極は s 平面の虚軸上に二つ存在する．　　■

6.3　代数的に等価なシステム

正則行列 $\boldsymbol{T}$ を用いて状態ベクトル $\boldsymbol{x}(t)$ を

$$\boldsymbol{z}(t) = \boldsymbol{T}^{-1}\boldsymbol{x}(t) \tag{6.20}$$

のように1次変換すると，新しい状態ベクトル $\boldsymbol{z}(t)$ が得られる．これより，

$$\boldsymbol{x}(t) = \boldsymbol{T}\boldsymbol{z}(t) \tag{6.21}$$

が得られ，この関係式をもとの状態方程式 (6.8) に代入すると，

$$\frac{\mathrm{d}}{\mathrm{d}t}\boldsymbol{T}\boldsymbol{z}(t) = \boldsymbol{A}\boldsymbol{T}\boldsymbol{z}(t) + \boldsymbol{b}u(t)$$

となる．両辺に左から $\boldsymbol{T}^{-1}$ を乗じると，新しい状態変数 $\boldsymbol{z}(t)$ に関する状態方程式

$$\frac{\mathrm{d}}{\mathrm{d}t}\boldsymbol{z}(t) = \boldsymbol{T}^{-1}\boldsymbol{A}\boldsymbol{T}\boldsymbol{z}(t) + \boldsymbol{T}^{-1}\boldsymbol{b}u(t) \tag{6.22}$$

が得られる．また，式 (6.21) を式 (6.9) に代入すると，新しい出力方程式

$$y(t) = \boldsymbol{c}^T\boldsymbol{T}\boldsymbol{z}(t) + du(t) \tag{6.23}$$

が得られる．

以上より，新しい状態ベクトル $\boldsymbol{z}(t)$ に対する状態空間表現を

$$\frac{\mathrm{d}}{\mathrm{d}t}\boldsymbol{z}(t) = \bar{\boldsymbol{A}}\boldsymbol{z}(t) + \bar{\boldsymbol{b}}u(t) \tag{6.24}$$

$$y(t) = \bar{\boldsymbol{c}}^T\boldsymbol{z}(t) + \bar{d}u(t) \tag{6.25}$$

と記述し，もとの状態空間表現と係数比較を行うことにより，次の関係式が得られる．

$$\bar{\boldsymbol{A}} = \boldsymbol{T}^{-1}\boldsymbol{A}\boldsymbol{T}, \quad \bar{\boldsymbol{b}} = \boldsymbol{T}^{-1}\boldsymbol{b}, \quad \bar{\boldsymbol{c}}^T = \boldsymbol{c}^T\boldsymbol{T}, \quad \bar{d} = d \tag{6.26}$$

たとえば，式 (6.1) の運動方程式の例において，状態変数の順番を入れ替えて，新しい状態変数として，$z_1(t)$ を速度，$z_2(t)$ を変位と選んでみよう．すなわち，

$$\boldsymbol{z}(t) = \left[\begin{array}{c} z_1(t) \\ z_2(t) \end{array}\right] = \left[\begin{array}{c} x_2(t) \\ x_1(t) \end{array}\right]$$

とする．すると，式 (6.6)，(6.7) は，それぞれ次のようになる．

$$\frac{\mathrm{d}}{\mathrm{d}t}\left[\begin{array}{c} z_1(t) \\ z_2(t) \end{array}\right] = \left[\begin{array}{cc} 0 & 0 \\ 1 & 0 \end{array}\right]\left[\begin{array}{c} z_1(t) \\ z_2(t) \end{array}\right] + \left[\begin{array}{c} \dfrac{1}{m} \\ 0 \end{array}\right]u(t) \tag{6.27}$$

$$y(t) = \left[\begin{array}{cc} 0 & 1 \end{array}\right] \left[\begin{array}{c} z_1(t) \\ z_2(t) \end{array}\right] \tag{6.28}$$

これは，正則変換行列 $\boldsymbol{T}$ を

$$\boldsymbol{T} = \left[\begin{array}{cc} 0 & 1 \\ 1 & 0 \end{array}\right] \tag{6.29}$$

と選んだ場合に対応する．このとき，式 (6.26) が成り立っていることは，次のようにして確かめられる．

$$\bar{\boldsymbol{A}} = \boldsymbol{T}^{-1}\boldsymbol{A}\boldsymbol{T} = \left[\begin{array}{cc} 0 & 1 \\ 1 & 0 \end{array}\right] \left[\begin{array}{cc} 0 & 1 \\ 0 & 0 \end{array}\right] \left[\begin{array}{cc} 0 & 1 \\ 1 & 0 \end{array}\right] = \left[\begin{array}{cc} 0 & 0 \\ 1 & 0 \end{array}\right]$$

$$\bar{\boldsymbol{b}} = \boldsymbol{T}^{-1}\boldsymbol{b} = \left[\begin{array}{cc} 0 & 1 \\ 1 & 0 \end{array}\right] \left[\begin{array}{c} 0 \\ \dfrac{1}{m} \end{array}\right] = \left[\begin{array}{c} \dfrac{1}{m} \\ 0 \end{array}\right]$$

$$\bar{\boldsymbol{c}}^T = \boldsymbol{c}^T\boldsymbol{T} = \left[\begin{array}{cc} 1 & 0 \end{array}\right] \left[\begin{array}{cc} 0 & 1 \\ 1 & 0 \end{array}\right] = \left[\begin{array}{cc} 0 & 1 \end{array}\right]$$

次に，式 (6.24)，(6.25) の新しい状態空間表現より，伝達関数（$\bar{G}(s)$ とする）を計算すると，次のようになる．

$$\begin{aligned} \bar{G}(s) &= \bar{d} + \bar{\boldsymbol{c}}^T(s\boldsymbol{I} - \bar{\boldsymbol{A}})^{-1}\bar{\boldsymbol{b}} \\ &= d + \boldsymbol{c}^T\boldsymbol{T}(s\boldsymbol{I} - \boldsymbol{T}^{-1}\boldsymbol{A}\boldsymbol{T})^{-1}\boldsymbol{T}^{-1}\boldsymbol{b} \\ &= d + \boldsymbol{c}^T\boldsymbol{T}(s\boldsymbol{T}^{-1}\boldsymbol{T} - \boldsymbol{T}^{-1}\boldsymbol{A}\boldsymbol{T})^{-1}\boldsymbol{T}^{-1}\boldsymbol{b} \\ &= d + \boldsymbol{c}^T\boldsymbol{T}\left[\boldsymbol{T}^{-1}(s\boldsymbol{I} - \boldsymbol{A})\boldsymbol{T}\right]^{-1}\boldsymbol{T}^{-1}\boldsymbol{b} \\ &= d + \boldsymbol{c}^T\boldsymbol{T}\boldsymbol{T}^{-1}(s\boldsymbol{I} - \boldsymbol{A})^{-1}\boldsymbol{T}\boldsymbol{T}^{-1}\boldsymbol{b} \\ &= d + \boldsymbol{c}^T(s\boldsymbol{I} - \boldsymbol{A})^{-1}\boldsymbol{b} = G(s) \end{aligned} \tag{6.30}$$

以上の計算より，もとの状態方程式の伝達関数と一致することがわかる．ここで，次の関係式を用いた．

$$(\boldsymbol{A}\boldsymbol{B}\boldsymbol{C})^{-1} = \boldsymbol{C}^{-1}\boldsymbol{B}^{-1}\boldsymbol{A}^{-1}$$

❖ Point 6.4 ❖　代数的に等価なシステム

　正則変換行列 $\boldsymbol{T}$ によって状態ベクトルを1次変換しても，システムの伝達関数は変化しない．このような関係を**代数的に等価**であるという．言い換えると，伝

達関数のような外部記述は LTI システムに対して一意に決まるが，状態空間表現のような内部記述は正則変換の数だけ自由度がある．

6.4　状態方程式の解

式 (6.8) の行列形式の 1 階微分方程式

$$\frac{\mathrm{d}}{\mathrm{d}t}\boldsymbol{x}(t) = \boldsymbol{A}\boldsymbol{x}(t) + \boldsymbol{b}u(t), \qquad \boldsymbol{x}(0) = \boldsymbol{x}_0 \tag{6.31}$$

の解を求める問題を考えよう．この微分方程式は線形なので，初期値に対する応答と入力に対する応答を別々に計算し，最後にそれらを重ね合わせることにする．

まず，$u(t) = 0\ (\forall t)$ とし，初期値に対する応答を計算しよう．すなわち，

$$\frac{\mathrm{d}}{\mathrm{d}t}\boldsymbol{x}(t) = \boldsymbol{A}\boldsymbol{x}(t), \qquad \boldsymbol{x}(0) = \boldsymbol{x}_0 \tag{6.32}$$

を考える．いま，システムが 1 次系の場合には，式 (6.32) はスカラ微分方程式

$$\frac{\mathrm{d}}{\mathrm{d}t}x(t) = ax(t), \qquad x(0) = x_0 \tag{6.33}$$

となり，この解は，

$$x(t) = e^{at}x_0 \tag{6.34}$$

となる．これより，システムが 2 次以上の場合には，式 (6.32) の解は次のようになることが予想できる．

$$\boldsymbol{x}(t) = e^{\boldsymbol{A}t}\boldsymbol{x}_0 \tag{6.35}$$

このとき，$e^{\boldsymbol{A}t}$ を**状態遷移行列**（state transition matrix）と呼び，指数関数のテイラー展開に基づいて次式のように定義する．

$$e^{\boldsymbol{A}t} = \boldsymbol{I} + \boldsymbol{A}t + \frac{1}{2!}\boldsymbol{A}^2t^2 + \cdots + \frac{1}{k!}\boldsymbol{A}^kt^k + \cdots = \sum_{k=0}^{\infty}\frac{1}{k!}\boldsymbol{A}^kt^k \tag{6.36}$$

このように，$e^{\boldsymbol{A}t}$ は $(n \times n)$ 行列であることに注意する．状態遷移行列 $e^{\boldsymbol{A}t}$ は次のような性質を持つ．

118   第6章　状態空間表現

1. 微分：$\dfrac{\mathrm{d}}{\mathrm{d}t}e^{\boldsymbol{A}t} = \boldsymbol{A}e^{\boldsymbol{A}t} = e^{\boldsymbol{A}t}\boldsymbol{A}$

2. 逆行列：$(e^{\boldsymbol{A}t})^{-1} = e^{-\boldsymbol{A}t}$

3. 乗算：$e^{\boldsymbol{A}t}e^{\boldsymbol{A}\tau} = e^{\boldsymbol{A}(t+\tau)}$

式 (6.35) を式 (6.32) に代入し，微分の性質を利用すると，

$$\frac{\mathrm{d}}{\mathrm{d}t}\boldsymbol{x}(t) = \frac{\mathrm{d}}{\mathrm{d}t}\left(e^{\boldsymbol{A}t}\boldsymbol{x}_0\right) = \boldsymbol{A}e^{\boldsymbol{A}t}\boldsymbol{x}_0 = \boldsymbol{A}\boldsymbol{x}(t)$$

が得られ，式 (6.35) が式 (6.32) の解であることを確認できた．

次に，逆ラプラス変換を用いた状態遷移行列 $e^{\boldsymbol{A}t}$ の計算法を与えよう．まず，

$$\boldsymbol{\Phi}(t) = e^{\boldsymbol{A}t} \tag{6.37}$$

とおく．この $\boldsymbol{\Phi}(t)$ は自由応答の解なので，次式が成り立つ．

$$\frac{\mathrm{d}}{\mathrm{d}t}\boldsymbol{\Phi}(t) = \boldsymbol{A}\boldsymbol{\Phi}(t), \quad \boldsymbol{\Phi}(0) = \boldsymbol{I} \tag{6.38}$$

この行列微分方程式をラプラス変換すると，

$$s\boldsymbol{\Phi}(s) - \boldsymbol{I} = \boldsymbol{A}\boldsymbol{\Phi}(s)$$

となる．ただし，$\boldsymbol{\Phi}(s) = \mathcal{L}[\boldsymbol{\Phi}(t)]$ とおいた．これより，

$$\boldsymbol{\Phi}(s) = (s\boldsymbol{I} - \boldsymbol{A})^{-1}$$

となり，次の Point 6.5 が得られる．

✤ Point 6.5 ✤　状態遷移行列の計算法

状態遷移行列 $e^{\boldsymbol{A}t}$ は，逆ラプラス変換を用いることにより，次式のように計算できる．

$$\boldsymbol{\Phi}(t) = e^{\boldsymbol{A}t} = \mathcal{L}^{-1}[(s\boldsymbol{I} - \boldsymbol{A})^{-1}] \tag{6.39}$$

6.4 状態方程式の解　119

例題6.7

$\boldsymbol{A}$ 行列が次式で与えられるとき，$e^{\boldsymbol{A}t}$ を計算しなさい．

$$\boldsymbol{A} = \begin{bmatrix} 0 & 1 \\ -2 & -3 \end{bmatrix}$$

解答

$$(s\boldsymbol{I} - \boldsymbol{A})^{-1} = \begin{bmatrix} s & -1 \\ 2 & s+3 \end{bmatrix}^{-1} = \frac{1}{(s+1)(s+2)} \begin{bmatrix} s+3 & 1 \\ -2 & s \end{bmatrix}$$

$$= \begin{bmatrix} \dfrac{2}{s+1} - \dfrac{1}{s+2} & \dfrac{1}{s+1} - \dfrac{1}{s+2} \\ -\dfrac{2}{s+1} + \dfrac{2}{s+2} & -\dfrac{1}{s+1} + \dfrac{2}{s+2} \end{bmatrix}$$

となり，したがって，

$$e^{\boldsymbol{A}t} = \mathcal{L}^{-1}[(s\boldsymbol{I} - \boldsymbol{A})^{-1}] = \begin{bmatrix} 2e^{-t} - e^{-2t} & e^{-t} - e^{-2t} \\ -2e^{-t} + 2e^{-2t} & -e^{-t} + 2e^{-2t} \end{bmatrix} u_s(t)$$

となる． ∎

　以上では，自由応答に対する解について考えてきたが，入力による影響も考慮した状態方程式の一般解は，次式のようになる．

$$\boldsymbol{x}(t) = e^{\boldsymbol{A}t}\boldsymbol{x}_0 + \int_0^t e^{\boldsymbol{A}(t-\tau)}\boldsymbol{b}u(\tau)\mathrm{d}\tau \tag{6.40}$$

ここで，式 (6.40) 右辺第2項が入力による影響であり，状態遷移行列 $e^{\boldsymbol{A}t}$ と入力の影響 $\boldsymbol{b}u(\tau)$ とのたたみ込み積分になっている．さらに，式 (6.40) を式 (6.9) に代入すると，出力は次式のようになる．

$$y(t) = \boldsymbol{c}^T e^{\boldsymbol{A}t}\boldsymbol{x}_0 + \int_0^t \boldsymbol{c}^T e^{\boldsymbol{A}(t-\tau)}\boldsymbol{b}u(\tau)\mathrm{d}\tau + du(t) \tag{6.41}$$

ここで，式 (6.41) 右辺第1項を**自由応答**（free response）（あるいは初期値応答），右辺第2項を**ゼロ状態応答**（zero-state response）と呼ぶ．

120 　第6章　状態空間表現

例題6.8

状態空間表現
$$\frac{\mathrm{d}}{\mathrm{d}t}\boldsymbol{x}(t) = \begin{bmatrix} -1 & 0 \\ 1 & -2 \end{bmatrix}\boldsymbol{x}(t) + \begin{bmatrix} 1 \\ 0 \end{bmatrix}u(t), \qquad \boldsymbol{x}(0) = \begin{bmatrix} -1 \\ 1 \end{bmatrix}$$

$$y(t) = \begin{bmatrix} 0 & 1 \end{bmatrix}\boldsymbol{x}(t)$$

で記述される LTI システムに単位ステップ信号を入力したときの出力信号，すなわちステップ応答を計算しなさい.

解答　まず，逆ラプラス変換を用いて状態遷移行列を計算すると，

$$e^{\boldsymbol{A}t} = \begin{bmatrix} e^{-t} & 0 \\ e^{-t} - e^{-2t} & e^{-2t} \end{bmatrix}u_s(t)$$

を得る．これを式 (6.40) に代入すると，

$$\begin{aligned}
\boldsymbol{x}(t) &= \begin{bmatrix} e^{-t} & 0 \\ e^{-t} - e^{-2t} & e^{-2t} \end{bmatrix}\begin{bmatrix} -1 \\ 1 \end{bmatrix} \\
&\quad + \int_0^t \begin{bmatrix} e^{-(t-\tau)} & 0 \\ e^{-(t-\tau)} - e^{-2(t-\tau)} & e^{-2(t-\tau)} \end{bmatrix}\begin{bmatrix} 1 \\ 0 \end{bmatrix}u(\tau)\mathrm{d}\tau \\
&= \begin{bmatrix} -e^{-t} \\ -e^{-t} + 2e^{-2t} \end{bmatrix} + \int_0^t \begin{bmatrix} e^{-(t-\tau)} \\ e^{-(t-\tau)} - e^{-2(t-\tau)} \end{bmatrix}\mathrm{d}\tau \\
&= \begin{bmatrix} 1 - 2e^{-t} \\ 0.5 - 2e^{-t} + 2.5e^{-2t} \end{bmatrix}, \quad t \geq 0
\end{aligned}$$

となる．ここで，入力は単位ステップ信号，すなわち，$u(t) = 1 \ (t \geq 0)$ であることを利用した．したがって，

$$y(t) = \boldsymbol{c}^T\boldsymbol{x}(t) = 0.5 - 2e^{-t} + 2.5e^{-2t}, \quad t \geq 0$$

が得られる. ∎

6.5　基本演算素子を用いた状態空間表現の回路実現

微分方程式

$$\frac{\mathrm{d}^2 y(t)}{\mathrm{d}t^2} + a_1 \frac{\mathrm{d}y(t)}{\mathrm{d}t} + a_0 y(t) = b_1 \frac{\mathrm{d}u(t)}{\mathrm{d}t} + b_0 u(t)$$

によって記述される2次系を例にとって，基本演算素子を用いた状態空間表現の回路実現について説明する．

初期値を 0 とおいてラプラス変換することにより，このシステムの伝達関数は

$$G(s) = \frac{b_1 s + b_0}{s^2 + a_1 s + a_0} \tag{6.42}$$

となる．この伝達関数を，

$$G(s) = \frac{B(s)}{A(s)}$$

とおく．ただし，

$$A(s) = s^2 + a_1 s + a_0, \quad B(s) = b_1 s + b_0$$

とおいた．

いま，$u(s)$ から $z(s)$ を介して $y(s)$ に到達するとする．すなわち，

$$z(s) = \frac{1}{A(s)} u(s) \tag{6.43}$$

$$y(s) = B(s) z(s) \tag{6.44}$$

とおく．式 (6.43) の分母を払って，微分方程式に変換すると，

$$\frac{\mathrm{d}^2 z(t)}{\mathrm{d}t^2} + a_1 \frac{\mathrm{d}z(t)}{\mathrm{d}t} + a_0 z(t) = u(t)$$

が得られる．これより次式が得られる．

$$\frac{\mathrm{d}^2 z(t)}{\mathrm{d}t^2} = -a_1 \frac{\mathrm{d}z(t)}{\mathrm{d}t} + a_0 z(t) + u(t)$$

次に，式 (6.44) を微分方程式に変換すると，

$$y(t) = b_1 \frac{\mathrm{d}z(t)}{\mathrm{d}t} + b_0 z(t)$$

が得られる．状態変数として，$x_1(t) = z(t)$, $x_2(t) = \mathrm{d}z(t)/\mathrm{d}t$ とおくと，次式が得られる．

$$\frac{\mathrm{d}x_1(t)}{\mathrm{d}t} = x_2(t) \tag{6.45}$$

$$\frac{\mathrm{d}x_2(t)}{\mathrm{d}t} = \frac{\mathrm{d}^2 x_1(t)}{\mathrm{d}t^2} = -a_1 \frac{\mathrm{d}z(t)}{\mathrm{d}t} - a_0 z(t) + u(t) \tag{6.46}$$

これより，次の状態空間表現が得られる．

$$\frac{\mathrm{d}}{\mathrm{d}t}\begin{bmatrix} x_1(t) \\ x_2(t) \end{bmatrix} = \begin{bmatrix} 0 & 1 \\ -a_0 & -a_1 \end{bmatrix}\begin{bmatrix} x_1(t) \\ x_2(t) \end{bmatrix} + \begin{bmatrix} 0 \\ 1 \end{bmatrix} u(t) \tag{6.47}$$

$$y(t) = \begin{bmatrix} b_0 & b_1 \end{bmatrix}\begin{bmatrix} x_1(t) \\ x_2(t) \end{bmatrix} \tag{6.48}$$

式 (6.47), (6.48) より，システムの基本演算素子による回路実現は，図 6.4 のようになる．

この例から明らかなように，システムの伝達関数表現からシステムの回路実現，すなわち状態空間表現を導くことができる．このように，システムの伝達関数表現を状態空間表現に変換することは，システムを回路実現することに対応するので，システムの**実現**（realization）と呼ばれる．図 6.4 の実現形式は，可制御正準系と呼ばれる，制御系設計にとって重要な形式である．これ以外にも回路実現する方法はある．また，図 6.4 より，システムの次数は（この場合は 2 であるが），回路実現するために最低限必要な積分器の個数と定義することもできる．

以上では，2 階微分方程式によって LTI システムが記述できる場合の回路実現を示したが，一般的な微分方程式も同様に回路実現することができる．また，式 (6.8), (6.9) で与えた状態空間表現は，1 階行列微分方程式であるので，行列・ベ

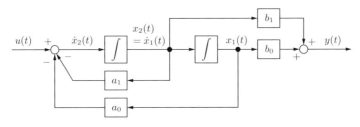

図 6.4　2 次系の回路実現

クトルを係数とする1次系と見なすことができる．したがって，図6.5のような回路で表現することができる．なお，図においてベクトル値信号を太線で表した．

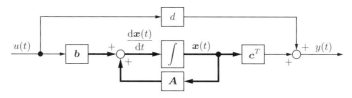

図6.5　状態方程式の回路実現

本章のポイント

- ▼ 線形システムを状態空間表現する方法を理解すること．
- ▼ 状態空間表現と伝達関数表現の関係を理解すること．
- ▼ 状態空間表現のさまざまな特徴を理解すること．
- ▼ 状態遷移行列を計算できるようになること．

Control Quiz

6.1　図6.6のRLC回路において，回路に印加した電圧 $u(t)$ を入力，回路を流れる電流 $i(t)$ を出力とする．また，$i(t)$ とキャパシタの両端の電圧 $v(t)$ を状態変数とする．このとき，この電気回路の状態空間表現を導きなさい．

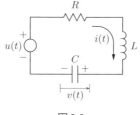

図6.6

124   第6章　状態空間表現

6.2 $\boldsymbol{A}$ 行列が次のように与えられたとき，状態遷移行列 $e^{\boldsymbol{A}t}$ を計算しなさい．

$$(1) \quad \boldsymbol{A} = \begin{bmatrix} 0 & 1 \\ -6 & -5 \end{bmatrix} \qquad (2) \quad \boldsymbol{A} = \begin{bmatrix} -5 & 4 \\ -5 & 3 \end{bmatrix}$$

6.3   状態空間表現

$$\frac{\mathrm{d}}{\mathrm{d}t}\boldsymbol{x}(t) = \begin{bmatrix} 0 & 1 \\ -3 & -4 \end{bmatrix} \boldsymbol{x}(t) + \begin{bmatrix} 0 \\ 1 \end{bmatrix} u(t), \quad \boldsymbol{x}(0) = \begin{bmatrix} 0 \\ 0 \end{bmatrix}$$

$$y(t) = \begin{bmatrix} 1 & 2 \end{bmatrix} \boldsymbol{x}(t)$$

で記述される LTI システムについて，次の問いに答えなさい．

(1) 状態遷移行列 $e^{\boldsymbol{A}t}$ を計算しなさい．

(2) 単位ステップ信号を入力したときの出力信号を計算しなさい．

(3) このシステムの伝達関数を計算しなさい．

6.4   6.3 で与えた状態空間表現の $\boldsymbol{A}$ 行列を対角化して $\bar{\boldsymbol{A}}$ となるような正則変換行列 $\boldsymbol{T}$ を求めなさい．また，求めた $\boldsymbol{T}$ を用いて，6.3 の状態空間表現を新しい状態変数 $\boldsymbol{z}(t) = \boldsymbol{T}^{-1}\boldsymbol{x}(t)$ に対するそれに変換しなさい．

第7章 中間試験

　第6章までに学んできたことを，本章の中間試験問題を解くことによって，さらに深く理解しよう．

1 次の逆ラプラス変換を計算しなさい．

(1) $\mathcal{L}^{-1}\left[\dfrac{3}{(s+1)(s+3)}\right]$　　(2) $\mathcal{L}^{-1}\left[\dfrac{s+5}{s^2+4s+13}\right]$

(3) $\mathcal{L}^{-1}\left[\dfrac{s+3}{(s+1)(s+2)^2}\right]$

2 LTI システムのインパルス応答が

$$g(t) = e^{-t} + e^{-10t}, \quad t \geq 0$$

で与えられるとき，次の問いに答えなさい．

(1) 伝達関数 $G(s)$ を求めなさい．なお，通分した形で降べきの順で答えなさい．
(2) 極と零点を求めなさい．
(3) 伝達関数を基本要素の積の形で表現し，それぞれについて定量的に説明しなさい．

3 インパルス応答が

$$g(t) = 6.5 e^{-3t} \sin 2t \, u_s(t)$$

である LTI システムの伝達関数 $G(s)$ を求めなさい．次に，このシステムの極を求め，s 平面上に ○ 印でプロットしなさい．さらに，このシステムの固有周波数 ω_n を図中で示しなさい．

4 伝達関数が

$$G(s) = \frac{1}{s+1}$$

の LTI システムに，図7.1に示す3種類の $u(t)$ をそれぞれ入力したときの出力 $y(t)$ を計算しなさい．また，最初の入力に対する出力波形を図示しなさい．

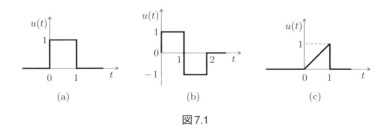

図7.1

5 図7.2に示すフィードバック制御系について，次の問いに答えなさい．ただし，

$$P(s) = \frac{1}{10s+1}$$

であり，コントローラのパラメータ $f > 0$, $K > 0$ はともにスカラとする．

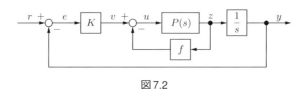

図7.2

(1) 図中の v から z までの伝達関数を求めなさい．
(2) 一巡伝達関数 $L(s)$ を求めなさい．
(3) 図中の r から e までの伝達関数を求めなさい．
(4) 図中の r から y までの閉ループ伝達関数 $W(s)$ を求めなさい．
(5) $W(s)$ の ω_n と ζ がともに 1 になるように，f と K を定めなさい．
(6) コントローラのパラメータ f と K の役割について，簡潔に述べなさい．

第7章　中間試験　127

6　LTI システムのインパルス応答が

$$g(t) = e^{-0.1t}u_s(t)$$

で与えられるとき，次の問いに答えなさい．

(1) 伝達関数 $G(s)$ を計算し，時定数 T と定常ゲイン K，そして極を求めなさい．

(2) 周波数伝達関数 $G(j\omega)$ を求め，そのゲイン特性 $g(\omega) = 20\log_{10}|G(j\omega)|$ と位相特性 $\angle G(j\omega)$ を計算しなさい．

(3) このシステムのボード線図を描きなさい．

7　伝達関数

$$G(s) = \frac{10(s+1)}{s(s+0.1)(s+10)}$$

について，次の問いに答えなさい．

(1) 基本要素の積の形に分解しなさい．

(2) ボード線図のゲイン線図を，折線近似法を用いて，ていねいに描きなさい．また，重要な数値を記入しなさい．

(3) このシステムに次の入力信号を印加したときの定常出力 $y(t)$ を求めなさい．

$$u(t) = \sin 10^{-3}t + \sin 10^3 t$$

8　状態方程式の $(\boldsymbol{A}, \boldsymbol{b}, \boldsymbol{c})$ が

$$\boldsymbol{A} = \left[\begin{array}{cc} 0 & 1 \\ -10 & -11 \end{array}\right], \quad \boldsymbol{b} = \left[\begin{array}{c} 0 \\ 1 \end{array}\right], \quad \boldsymbol{c} = \left[\begin{array}{c} 1 \\ 0 \end{array}\right]$$

のように与えられるとき，次の問いに答えなさい．

(1) 状態遷移行列 $e^{\boldsymbol{A}t}$ を計算しなさい．

(2) 伝達関数 $G(s)$ を計算しなさい．

(3) このシステムの特徴を定量的に述べなさい．

128　第7章　中間試験

9　状態方程式の $(\boldsymbol{A}, \boldsymbol{b}, \boldsymbol{c})$ と状態の初期値が

$$\boldsymbol{A} = \begin{bmatrix} -1 & 0 \\ 1 & -2 \end{bmatrix}, \quad \boldsymbol{b} = \begin{bmatrix} 1 \\ 0 \end{bmatrix}, \quad \boldsymbol{c} = \begin{bmatrix} 1 \\ 1 \end{bmatrix}, \quad \boldsymbol{x}(0) = \begin{bmatrix} -1 \\ 1 \end{bmatrix}$$

のように与えられるとき，次の問いに答えなさい.

(1) 状態遷移行列 $e^{\boldsymbol{A}t}$ を計算しなさい.

(2) 伝達関数 $G(s)$ を計算しなさい.

(3) 単位ステップ信号 $u_s(t)$ を入力したとき，状態 $\boldsymbol{x}(t)$ を求めなさい. また，出力であるステップ応答 $y(t)$ を求めなさい.

(4) ステップ応答の定常値を求めなさい.

10　LTI システムの極の位置からこのシステムのどのような性質を知ることができるのかを述べなさい.

第8章 フィードバック制御とフィードフォワード制御

本章では，まず制御の目的を明らかにする．次に，その目的を達成するためにフィードフォワード制御とフィードバック制御を導入する．そして，それぞれの制御系の特徴を解説する．

8.1 制御の目的

制御の主な目的を Point 8.1 にまとめる．

✥ Point 8.1 ✥ 制御の目的

(1) 制御系の安定化
(2) 目標値追従
(3) 外乱抑制
(4) 制御対象のモデルの不確かさに対するロバスト化

まず，制御対象が与えられたとき，制御の第一の目的は，

- 制御対象が自転車のようにそのままにしておくと倒れてしまうような**不安定系**（unstable system）の場合には，コントローラを付加することによって安定化すること
- 制御対象がもともと安定な場合には，コントローラを付加することによって全体のシステム，すなわち**制御系**（control system）を不安定にしないこと

である．システムの安定性は制御工学で最も重要な性質の一つであり，続く第9章と第10章で詳しく解説する．また，(2)〜(4) については次節以降で説明する．

さて，制御対象にコントローラを接続する方法はいろいろ考えられるが，それらは次の二つに大別される．

- フィードフォワード制御（feedforward control）
- フィードバック制御（feedback control）

それぞれを図8.1に示す．図において P は制御すべき対象であり，**制御対象**（controlled system）あるいは**プラント**（plant）と呼ばれる．C は**コントローラ**（controller）あるいは**補償器**（compensator）と呼ばれ，所望の制御性能を達成するために設計される．$y(t)$ は制御対象の出力信号（output signal）であり，**制御量**（controlled variable）とも呼ばれる[1]．$u(t)$ は**制御入力**（control input）あるいは**操作量**（manipulated variable）と呼ばれる．$r(t)$ は**参照信号**（reference signal）あるいは**目標値**（desired value）と呼ばれる．

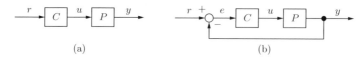

図8.1　(a) フィードフォワード制御と，(b) フィードバック制御

8.2　フィードフォワード制御

図8.1 (a) に示したフィードフォワード制御について考える．前節で与えた制御の目的の2番目の**目標値追従**について見ていこう．目標値追従とは，制御出力 $y(t)$ が目標値 $r(t)$ に追従する（一致する）ことである．$r(t) = 0$ のとき**レギュレータ**（regulator）問題，$r(t) \neq 0$ のとき**サーボ**（servo）問題と呼ばれる．

図8.1 (a) より，

$$y = PCr$$

---

[1]. 図8.1は s 領域におけるブロック線図なので，本来は $y(s), u(s)$ などと表記すべきであるが，本書では見やすさのため，(s) は省略して y, u と書くことにする．そして，それらの時間領域における表記が，それぞれ $y(t), u(t)$ である．

なので，$y = r$ となるためには，$PC = 1$，すなわち，

$$C = P^{-1} \tag{8.1}$$

となるようにフィードフォワードコントローラ C を設計すればよいことがわかる．このとき，コントローラは制御対象の**逆システム**であると言われる．たとえば，制御対象がダイナミクスを持たない場合を考え，

$$P(s) = 5 \tag{8.2}$$

とすると，コントローラを

$$C(s) = 0.2 \tag{8.3}$$

に選べば，すべての時刻において $y(t) = r(t)$ が成り立つ．

このような考え方に基づくフィードフォワード制御は即効性のある強力なものであるが，後に説明するようにいくつかの問題点を持つ．

8.2.1 外乱抑制

Point 8.1で制御の目的の3番目として**外乱抑制**を与えた．図8.2に出力に外乱 $d(t)$ が加わったフィードフォワード制御系のブロック線図を示す．**外乱**（disturbance）とは，制御対象を乱す外部入力のことである．たとえば，直流成分（バイアス）のようなものから，正弦波，そして白色雑音のような広帯域な周波数成分を持つものまで，さまざまな外乱が存在する．

図8.2より，

$$y = PCr + d$$

が得られる．前述したように，$PC = 1$ を満たすようにコントローラを設計すると，$y = r + d$ となり，外乱 d の影響が直接出力に表れてしまう．このように，フィードフォワード制御では外乱の影響を抑制することはできない．

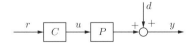

図8.2 外乱が加わったフィードフォワード制御系

8.2.2 制御対象のモデルの不確かさに対するロバスト化

現実の問題において，制御対象のダイナミクスが完全に既知であることはほとんどない．したがって，制御対象の**モデルの不確かさ**（model uncertainty）に対して**ロバスト性**（robustness）[2]を持つことが制御系に望まれる．

この問題についても，式 (8.2) の制御対象と式 (8.3) のコントローラの例を用いて説明する．図8.2において，制御対象が $P = 5$ であると信じてコントローラを設計したが，実際には $P' = P + \Delta P = 5 - 1 = 4$ であった場合，すなわち，モデルが 20 % ずれていた場合を仮定する．ただし，外乱は存在しないものとし，目標値追従のみを考える．

このとき，

$$y = P'Kr = 4\frac{1}{5}r = 0.8r \tag{8.4}$$

となり，目標値追従はモデルのずれと同じく 20 % の偏差を持ってしまう．このように，フィードフォワード制御では，モデルの不確かさがそのまま目標値追従に影響を与えてしまう．

以上より，フィードフォワード制御では，信号の流れが前向きの一方通行で，修正機構を持たないので，何らかの影響でモデルにずれが生じると，そのまま出力もずれてしまう．

8.2.3 フィードフォワードコントローラの実装

これまでダイナミクスを持たない制御対象 $P(s) = 5$ を考えてきたが，たとえば，制御対象が

$$P(s) = \frac{1}{s+1}$$

である1次系を考えよう．このように，制御対象は通常プロパーである．この制御対象に対して，逆システムによるコントローラを設計すると，

$$C(s) = s + 1$$

---

[2] ロバストとは頑丈であるということである．

となり，これはインプロパーとなるので，微分器が必要となり，実装することができない．実装するためには，近似微分器の考え方と同じように，時定数の短い低域通過フィルタを付加して，コントローラをプロパーにする必要がある．たとえば，この例では，

$$C(s) = \frac{s+1}{Ts+1}$$

として，T を 0.001 のような小さな数に選べば，近似的にプロパーな逆システムが構成できる．

8.2.4 フィードフォワード制御では不安定な制御対象を安定化できない

これまで述べてきたように，フィードフォワードコントローラの設計の方法は，制御対象の極と零点をコントローラで打ち消すことであり，これを**極零相殺** (pole-zero cancellation) という．まだ安定性の説明をしていないが，右半平面に存在する極は不安定極と呼ばれ，これを極零相殺することはできない．すなわち，

$$P(s) = \frac{1}{s-1}$$

としたとき，$C(s) = s-1$ として $s = 1$ の不安定極を相殺することはできない．

以上より，フィードフォワード制御は目標値追従を改善するために重要な役割を演じるが，その設計には注意が必要である．

8.3 フィードバック制御

8.3.1 フィードバック制御系の構成

図8.3を用いてフィードバック制御系について考えよう．この図では，コントローラ C が制御対象 P に直列に接続されているので，**直列補償**と呼ばれる．また，このフィードバック制御系は，出力信号 $y(t)$ が直接参照信号のところへフィードバックされているので，**直結フィードバック制御系**と呼ばれる．

図において，$e(t)$ は

$$e(t) = r(t) - y(t) \tag{8.5}$$

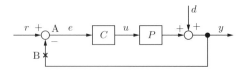

図8.3 直結フィードバック制御系（直列補償）

であり，**偏差信号**（error signal）と呼ばれる．この場合，制御の目標の一つである目標値追従は，$e(t) = 0$ と言い換えることもできる．

さて，図8.3のフィードバックループを図中の×印の点（B点）で切ったとき，A点からB点までの伝達関数を**一巡伝達関数**（loop transfer function）あるいは**開ループ伝達関数**（open-loop transfer function）といい，本書では $L(s)$ で表す．すなわち，

$$L(s) = P(s)C(s) \tag{8.6}$$

である．

次に，図8.3において，$d = 0$ として，参照信号 $r(t)$ から出力信号 $y(t)$ までの伝達関数（$W(s)$ とおく）を計算すると，

$$W(s) = \frac{y(s)}{r(s)} = \frac{P(s)C(s)}{1 + P(s)C(s)} = \frac{L(s)}{1 + L(s)} \tag{8.7}$$

となる．これを**閉ループ伝達関数**（closed-loop transfer function）と呼ぶ．

以上より，図8.3は図8.4のように簡単に表現することができる（ただし，$d = 0$ とした）．

さて，フィードバック制御系は図8.5のように構成することもでき，このようなコントローラの接続を**フィードバック補償**という．

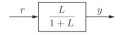

図8.4 閉ループシステム

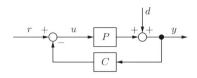

図8.5 フィードバック制御系（フィードバック補償）

例題 8.1

図 8.5 のフィードバック制御系において，一巡伝達関数 $L(s)$ と閉ループ伝達関数 $W(s)$ を計算しなさい．

コラム 4 —— フィードバックの誕生

制御工学を象徴する専門用語を投票で決めるとしたら，おそらく「**フィードバック**」（feedback）が選ばれるだろう．

1927 年 8 月 2 日，ブラック（Halold S. Black）(1898～1983) は，AT & T のベル研究所に出勤する途中，ニューヨークのハドソン川のフェリーで，負帰還増幅器（negative feedback amplifier）のアイデアを思いつき，持っていたニューヨークタイムズ紙に殴り書きした．このアイデアは翌年，特許として提出された．しかし，当時，負（逆位相）の量をフィードバックするという考えは斬新だったため，特許審査に時間がかかり，結局，その特許が受理されたのは 9 年後の 1937 年 12 月であった．負帰還増幅器の誕生は通常この 1937 年とされるが，1934 年にこのアイデアは学会発表されたので，1934 年とされることもある．

ブラックの発明の背景には，電信・電話の急速な実用化が関係していた．1915 年に米国で大陸横断長距離電話が開通したが，その後長距離になるにつれて，信号の減衰とひずみの問題が顕著になっていた．この問題を解決するために，電話中継器が考案されたが，その安定性の改善とひずみの低減を目的として，ブラックは負帰還増幅器を考えたのである．

"feedback" という用語が誕生したのは，負帰還増幅器が提案される少し前の 1920 年代であり，政治経済の分野で「閉じたサイクル」という意味で使われたそうである．理系ではなく，文系からフィードバックという用語が生まれたことは興味深い．現在では，この用語は日常生活でも普通に使われる一般的なものになっている．PDCA（Plan-Do-Check-Act）サイクルなどはフィードバックの典型的な応用例である．

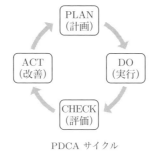

PDCA サイクル

136 第8章 フィードバック制御とフィードフォワード制御

解答 まず，

$$L(s) = P(s)C(s)$$

である．次に，

$$W(s) = \frac{P(s)}{1 + P(s)C(s)} = \frac{P(s)}{1 + L(s)}$$

となる． ∎

この例題からわかるように，図8.3と図8.5のフィードバック制御系の閉ループ伝達関数は異なることに注意しよう．

8.3.2 フィードバック制御の目的

フィードバック制御を用いると，前述した制御の目的がどのように達成できるのかを見ていこう．

[1] 制御系の安定化

次章以降で詳しく述べるが，フィードバック制御を行うことによって，制御対象の不安定極を移動できるので，フィードバック制御系の安定化を達成することができる．

[2] 目標値追従

図8.4は

$$y(s) = W(s)r(s) \tag{8.8}$$

を意味していた．これより，目標値追従を達成するためには，すべての s に対して，

$$W(s) \equiv 1 \tag{8.9}$$

が成り立てばよいことがわかる．この式で s を $j\omega$ で置き換えて，周波数領域で考えると，

$$|W(j\omega)| \equiv 1, \quad \forall \omega \tag{8.10}$$

となる．これは，$W(j\omega)$ がすべての周波数を通過帯域とする，いわゆる**全域通過フィルタ**であることを要求している．この条件をフィードバック制御のみで達成することは困難なので，通常ある周波数 ω_b まで，この条件を満たすように制御系を設計する．すなわち，

$$|W(j\omega)| = 1, \quad \omega < \omega_b \tag{8.11}$$

を満たす**低域通過フィルタ**を設計することになる．あとで詳しく述べるが，この周波数 ω_b は**帯域幅**と呼ばれ，制御系の性能に大きく影響する．

図 8.3 を用いて，目標値追従についてもう少し具体的に考えていこう．ここでは，目標値 r の影響のみを調べるために，$d = 0$ とする．

制御対象は前述したダイナミクスを持たない

$$P(s) = 5 \tag{8.12}$$

とし，コントローラは，

$$C(s) = K \tag{8.13}$$

とする．これは**比例コントローラ**と呼ばれる．

式 (8.7) より，

$$y = \frac{5K}{1 + 5K} r \tag{8.14}$$

が得られる．たとえば，フィードフォワードコントローラと同じ $K = 0.2$ を選ぶと，$y = 0.5r$ となり，制御量は目標値の半分にしかならない．しかしながら，フィードバック制御では通常 K の値を大きく選ぶので，たとえば $K = 100$ とすると，

$$y = \frac{500}{501} r = 0.998r$$

となり，制御量は目標値とほぼ等しくなる．さらに，$K \to \infty$ とすると，漸近的に $y = r$ が達成できる．

[3] 外乱抑制

式 (8.12)，(8.13) で与えた制御対象とコントローラを再び用いて説明する．図 8.3 において，$r = 0$ として外乱 d の影響だけを考える．このときの制御目的は，制御

系が外乱の影響を抑制し，制御量 y を平衡点に留めること，すなわち $y = 0$ とすることである．

フィードバック制御の場合，

$$y = \frac{1}{1 + 5K}d \tag{8.15}$$

となる．先ほどと同様に $K = 100$ とすると，

$$y = \frac{1}{501}d = 0.002d$$

となり，外乱の影響は 0.2 ％ に低減されることがわかる．さらに $K \to \infty$ とすれば，外乱の影響を完全に除去できる．このように，フィードバック制御を行うことにより，外乱の影響を抑制することが可能になる．

[4] 制御対象のモデルの不確かさに対するロバスト化

この問題についても，式 (8.2) の制御対象と式 (8.3) のコントローラの例を用いて説明する．問題設定はフィードフォワード制御のときと同じにする．

このとき，フィードバック制御で $K = 100$ とすると，

$$y = \frac{P'K}{1 + P'K}r = \frac{4 \cdot 100}{1 + 4 \cdot 100}r = \frac{400}{401}r = 0.9975r$$

となり，制御対象のモデルのずれの影響をほとんど受けないこと，すなわち，モデルの不確かさに対してロバストであることがわかる．これは，モデルの不確かさに対して感度が低いという言い方もできる．このように，制御対象のモデルの不確かさに対するロバスト化は**低感度化**とも呼ばれ，これはフィードバック制御系の特徴である．

以上では，フィードバック制御系の特徴を直観的に理解できるように，制御対象がダイナミクスを持たない静的システムの例を用いて説明した．次は，制御対象が1次系

$$P(s) = \frac{1}{s + 1} \tag{8.16}$$

の場合を考えよう（図 8.6 (a)）．この制御対象に対して，図 8.6 (b) に示すフィードバック制御系を構成する．この図における r から y までの伝達関数は，

$$W(s) = \frac{K'}{T's + 1} \tag{8.17}$$

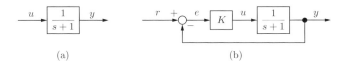

図8.6 フィードバックの効果（速応性の向上）

となる．ただし，

$$T' = \frac{1}{1+K}, \qquad K' = \frac{K}{1+K}$$

とおいた．これより，$T' < T$（ただし，$T = 1$は$P(s)$の時定数）であるので，フィードバック制御を施すことにより，制御系の時定数は必ず小さくなり，また，十分大きいKに対しては$K' \approx 1$であることがわかる．

表8.1に，フィードバック制御前と制御後の時定数と定常ゲインの比較を示す．フィードバックゲインKの値を増加させることにより，制御系の時定数を小さくすることができる．すなわち，速応性を改善することができる．

しかしながら，制御対象がより高次のダイナミクスを持つ場合，さまざまな問題点が生じ，フィードバック制御系を設計することはこの例ほど容易ではなくなる．これが次章以降の主要なテーマになる．

表8.1 フィードバックの効果

	制御前	制御後	$K=1$のとき	$K=1000$のとき
時定数	1	$\frac{1}{1+K}$	0.5	0.001
定常ゲイン	1	$\frac{K}{1+K}$	0.5	0.999

8.4　2自由度制御系

図8.1 (b)に示したように，フィードバック制御では，コントローラCに入力されるものは偏差$e = r - y$だけであり，これを**1自由度制御系**という．1自由度制御系では，目標値rへの追従と，出力yに含まれる外乱dの抑制を同時に行うことは困難であった．そこで，コントローラへの入力を目標値rと出力yの二つにすること

が提案された．これは**2自由度制御系**（two-degrees-of-freedom control system）と呼ばれる．2自由度制御系の標準形を図8.7に示す．

本章の最初に制御の目的を四つ挙げたが，そのうちの「目標値追従」に対しては，フィードフォワード制御が向いている．一方，「制御系の安定化」，「外乱抑制」，「不確かさに対するロバスト化」の三つは，フィードバック制御でしか対応できない．したがって，フィードフォワード制御とフィードバック制御の長所を組み合わせた2自由度制御系の構成は重要であり，さまざまな研究が行われてきた．

その代表的な構成法を図8.8に示す．図において，$F(s)$ は目標値追従性能を指定するフィードフォワードコントローラであり，$K(s)$ はフィードバック特性を指定するコントローラである．2自由度制御系では，これら二つのコントローラを独立に設計できる点が重要である．もしも，制御対象の伝達関数が完全に $P(s)$ に一致していれば，目標値 r から出力 y までの閉ループ伝達関数は，

$$W(s) = F(s)$$

となり，設計者が $F(s)$ を与えることによって，閉ループ特性を自由に設計することができる．もちろん，現実には制御対象と $P(s)$ とは異なり，モデルの不確かさが存在するが，それに対してはフィードバックコントローラ $K(s)$ が機能して，制御性能

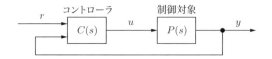

図8.7 2自由度制御系の標準形

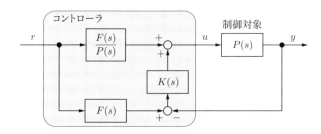

図8.8 2自由度制御系の一例（条件付きフィードバック構造）

の劣化を防ぐ.

一例として，制御対象の伝達関数が

$$P(s) = \frac{1}{s(s+1)(10s+1)}$$

のような3次系の場合には，$F(s)/P(s)$ がプロパーになるように $F(s)$，たとえば，

$$F(s) = \frac{1}{(s+1)^3}$$

を選ぶとよい.

本章のポイント

▼ 制御の目的を明確にすること.

▼ フィードフォワード制御とフィードバック制御の性質を理解すること.

▼ 2自由度制御系の仕組みを理解すること.

Control Quiz

$\boxed{8.1}$　図8.8に示した2自由度制御系の閉ループ伝達関数 $W(s)$ が $F(s)$ になることを確認しなさい.

第9章 LTI システムの安定性

本章と次章では，制御系が満たすべき第一の要件である安定性について述べる．まず，本章では LTI システムの安定性について述べ，引き続いて次章ではフィードバック制御系の安定性について解説する．

9.1　BIBO安定

図9.1 を用いて LTI システムの安定性について考えよう．図において，$u(t)$ は入力信号，$y(t)$ は出力信号，そして LTI システムの伝達関数を $G(s)$ とする．

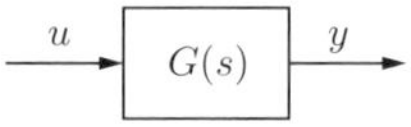

図9.1　LTI システム

いま，入力として**有界な**（bounded）信号を用意する．ここで，有界な信号とは，有界な値を持つ信号，すなわち無限大に発散しない信号のことであり，次式のように定義される．

$$|u(t)| \leq K < \infty, \quad \forall t \tag{9.1}$$

このとき，LTI システムの安定性を次のように定義する．

❖ Point 9.1 ❖　BIBO 安定

　有界な入力をシステムに加えると対応する出力もまた有界になるとき，そのシステムは **BIBO 安定**（bounded input, bounded output stability; 有界入力・有界出力安定）あるいは**入出力安定**，または単に**安定**であるという．

それでは，与えられた LTI システムが BIBO 安定であるかどうかを調べるために

は，どうすればよいのだろうか？　以下では，LTI システムがインパルス応答で記述
されている場合と，伝達関数で記述されている場合，そして，状態空間で記述されて
いる場合に対する安定性の判別法を与える．

9.2　　インパルス応答表現の場合

第3章で述べたように，時間領域において出力信号 $y(t)$ は，システムのインパル
ス応答 $g(t)$ と入力 $u(t)$ のたたみ込み積分

$$y(t) = \int_0^\infty g(\tau)u(t-\tau)\mathrm{d}\tau \tag{9.2}$$

により計算できる．いま，$u(t)$ は有界であると仮定すると，式 (9.1) を利用するこ
とにより，

$$|y(t)| \le \int_0^\infty |g(\tau)||u(t-\tau)|\mathrm{d}\tau \le K\int_0^\infty |g(\tau)|\mathrm{d}\tau$$

が得られる．これより Point 9.2 を得る．

❖ Point 9.2 ❖　　インパルス応答を用いた安定判別

　LTI システムのインパルス応答 $g(t)$ の絶対値の積分が有界，すなわち，

$$\int_0^\infty |g(t)|\mathrm{d}t < \infty \tag{9.3}$$

が成り立つとき，そのシステムは BIBO 安定である．このとき，式 (9.3) は**絶対可
積分の条件**と呼ばれる．

本書が取り扱う範囲では，

$$\lim_{t \to \infty} g(t) = 0 \tag{9.4}$$

が成り立っていれば，すなわち，時間が無限大に向かうときインパルス応答が 0 に
収束すれば，式 (9.3) が成り立っていると考えてよい．

Point 9.2 より，システムのインパルス応答が既知であれば，その波形を見ること
により，安定性を判別することができる．たとえば，図9.2 (a)のインパルス応答を

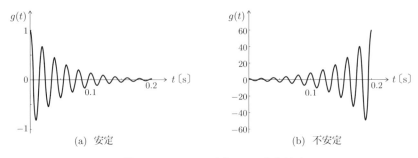

図 9.2　インパルス応答による安定判別

持つシステムは安定であるが，(b) は不安定である．しかし，インパルス応答を直接利用できない場合も多い．そこで，これに代わる安定性の条件を探していこう．

9.3　伝達関数表現の場合

インパルス応答のラプラス変換である伝達関数 $G(s) = \mathcal{L}[g(t)]$ から，システムの安定性を調べる方法を与える．

まず，$G(s)$ は有理型の伝達関数であるとして，

$$G(s) = \frac{B(s)}{A(s)} \tag{9.5}$$

とおく．ただし，

$$A(s) = s^n + a_{n-1}s^{n-1} + \cdots + a_1 s + a_0 \tag{9.6}$$
$$B(s) = b_m s^m + b_{m-1}s^{m-1} + \cdots + b_1 s + b_0 \tag{9.7}$$

であり，多項式 $A(s)$ と $B(s)$ は**既約**[1]とする．このとき，分母多項式 $A(s)$ は**特性多項式**（characteristic polynomial）と呼ばれる．いま，簡単のため，**特性方程式**（characteristic equation）

$$A(s) = 0$$

の根（これを**特性根**（characteristic root）と呼ぶ）s_i はすべて相異なるものとし，

---

[1]　互いに素であること．すなわち，分子分母の共通因子があれば，それはすでに約分された状態であること．

$$A(s) = (s - s_1)(s - s_2) \cdots (s - s_n), \qquad s_i \neq s_j \ (i \neq j) \tag{9.8}$$

とおく．ここで，一般性を失うことなく，式 (9.6) の $A(s)$ の s^n の係数を 1 とおいた．また，s_i は実数あるいは複素数である．

いま，インパルス応答はインパルス入力 $u(t) = \delta(t)$ に対する出力なので，$y(t) = g(t)$ となり，これをラプラス変換すると，

$$y(s) = G(s)$$

が得られる．そこで，この式を部分分数展開すると，

$$
\begin{aligned}
y(s) = G(s) &= \frac{B(s)}{(s - s_1)(s - s_2) \cdots (s - s_n)} \\
&= \frac{\beta_1}{s - s_1} + \frac{\beta_2}{s - s_2} + \cdots + \frac{\beta_n}{s - s_n}
\end{aligned} \tag{9.9}
$$

となる．ここで，$\beta_i \ (i = 1, \dots, n)$ は留数計算により得られる．次に，逆ラプラス変換すると，

$$g(t) = \mathcal{L}^{-1}[y(s)] = (\beta_1 e^{s_1 t} + \beta_2 e^{s_2 t} + \cdots + \beta_n e^{s_n t}) u_s(t) \tag{9.10}$$

となり，インパルス応答 $g(t)$ が計算できる．ここで，$e^{s_i t}$ を**モード** (mode) と呼び，式 (9.10) のようなインパルス応答の表現を**モード展開**と呼ぶ．

一般的に議論していくとわかりにくいので，次の具体的な例題を考えよう．

例題9.1

伝達関数が

$$G(s) = \frac{s + 5}{(s + 3)(s + 4)} \tag{9.11}$$

である LTI システムのインパルス応答 $g(t)$ を計算し，安定性を調べなさい．

解答　まず，特性根は $s = -3, -4$ である．次に，この伝達関数を部分分数展開すると，

$$G(s) = \frac{2}{s + 3} - \frac{1}{s + 4}$$

となり，インパルス応答は次式となる．

$$g(t) = \mathcal{L}^{-1}\left[\frac{2}{s+3} - \frac{1}{s+4}\right] = (2e^{-3t} - e^{-4t})u_s(t)$$

これより

$$\int_0^\infty |g(t)|\mathrm{d}t = \int_0^\infty |2e^{-3t} - e^{-4t}|\mathrm{d}t = \frac{5}{12} < \infty$$

となり，このシステムは BIBO 安定である． ∎

この例題より，特性根はインパルス応答のモード展開表現における指数関数の指数部に対応していることがわかる．そこで，1次系，2次系についてもう少し詳しく見ていこう．

[1] 1次系の場合（特性根が一つの実根の場合）

このとき，インパルス応答は

$$g(t) = \beta_1 e^{s_1 t} \tag{9.12}$$

となり，s_1 の符号により，図9.3に示すように三つに分類できる．図より，$s_1 < 0$ のとき，$\lim_{t \to \infty} g(t) = 0$ となるので，安定であることがわかる．一方，$s_1 \geq 0$ のときは

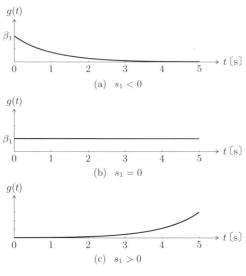

図9.3　1次系のインパルス応答

BIBO 安定ではなく，不安定と呼ばれる．特に，$s_1 = 0$ のときは**安定限界**と呼ばれることがある．

[2] 2次系の場合（特性根が1対の複素共役根の場合）

次に，特性方程式が1対の複素共役根を持つ場合について，例題を通して見ていこう．

例題 9.2

伝達関数が

$$G(s) = \frac{13}{s^2 + 6s + 13} \tag{9.13}$$

で与えられる2次遅れ系の安定性を調べなさい．

解答 与えられた伝達関数は

$$G(s) = \frac{6.5 \cdot 2}{(s+3)^2 + 2^2}$$

と変形できるので，インパルス応答は次式となる．

$$g(t) = \mathcal{L}^{-1}[G(s)] = 6.5 e^{-3t} \sin 2t \, u_s(t) \tag{9.14}$$

ここで，

$$\mathcal{L}[e^{-\alpha t} \sin \omega t] = \frac{\omega}{(s+\alpha)^2 + \omega^2} \tag{9.15}$$

を用いた．$g(t)$ を図9.4に示す．図より，このシステムは安定である． ∎

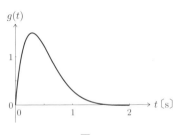

図9.4

この例題より，式 (9.14) の指数部が負であれば，正弦波の周波数（この場合は 2）にかかわらず，$t \to \infty$ のとき $g(t) \to 0$ となり，安定になる．

さて，式 (9.13) の特性方程式

$$s^2 + 6s + 13 = 0$$

を解くことにより，特性根は，

$$s = -3 \pm j2$$

となる．ここで，特性根の実部（-3）が式 (9.14) の指数部に，特性根の虚部（± 2）が式 (9.14) の正弦波の周波数に対応している．

したがって，安定性には特性根の虚部は関係せず，実部の符号のみが影響する．以上より，次の結果を得る．

❖ Point 9.3 ❖ 　伝達関数を用いた安定判別

LTI システムが BIBO 安定であるための必要十分条件は，すべての特性根の実部が負であること，すなわち，図 9.5 に示すように，すべての特性根が s 平面上の左半平面に存在することである．

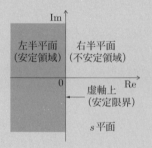

図 9.5 　s 平面上における安定領域

例題 9.3

伝達関数が

$$G(s) = \frac{1}{s^2 + 1} \tag{9.16}$$

で与えられるシステムの安定性を調べなさい．

解答 $g(t) = \mathcal{L}^{-1}[G(s)] = \sin t$ より,

$$\int_0^\infty |\sin t| \mathrm{d}t = \infty$$

となる．よって，インパルス応答は絶対可積分でないので，安定ではない．このときの特性根は，

$$s^2 + 1 = 0$$

を解くことにより $s = \pm j$ となり，虚軸上に存在する．よって，インパルス応答は周波数 1 rad/s で持続振動する． ∎

[3] 3次系以上の場合

以上より，特性根を求めることによって LTI システムの安定性を判別できることがわかった．しかし，特性方程式が高次の場合，特性根の計算は容易ではなかった．そこで，特性根を求めることなく安定性を判別する方法が，19世紀後半にラウス（英）とフルビッツ（独）により独立に提案された．二人の方法は数学的に等価であるので，本書ではラウスの安定判別法のみを紹介する．

❖ **Point 9.4** ❖　**ラウスの安定判別法**

LTI システムの特性方程式

$$a_n s^n + a_{n-1} s^{n-1} + \cdots + a_1 s + a_0 = 0 \tag{9.17}$$

が与えられたとき，このシステムが安定であるかどうかは，以下の条件を調べればわかる．

🗌 **条件 1**

　すべての係数 $a_0, a_1, \ldots, a_n$ が存在して，かつ同符号であること．この条件は安定性のための必要条件であり，この条件を満たしていなければ，その時点でシステムは安定ではない．

🗌 **条件 2**

　条件 1 を満たしていれば，次の**ラウス表**を作成する．

150　第9章　LTI システムの安定性

s^n	a_n	a_{n-2}	a_{n-4}	$\cdots$
s^{n-1}	a_{n-1}	a_{n-3}	a_{n-5}	$\cdots$
s^{n-2}	$b_1 := \dfrac{a_{n-1}a_{n-2} - a_n a_{n-3}}{a_{n-1}}$	$b_2 := \dfrac{a_{n-1}a_{n-4} - a_n a_{n-5}}{a_{n-1}}$	b_3	$\cdots$
s^{n-3}	$c_1 := \dfrac{b_1 a_{n-3} - a_{n-1}b_2}{b_1}$	$c_2 := \dfrac{b_1 a_{n-5} - a_{n-1}b_3}{b_1}$	c_3	$\cdots$
$\vdots$	$\vdots$	$\vdots$	$\vdots$	
s^0				

ただし，値の入っていないところは0を入れる.

　システムが安定であるための必要十分条件は，ラウス表の第1列 $\{a_n, a_{n-1}, b_1, c_1, \ldots\}$（これを**ラウス数列**という）の要素がすべて同符号であることである．なお，正の実部を持つ特性根，すなわち不安定根の数は，ラウス数列における正負の符号変化の数に等しい.

　このようにシステムの安定性を判別する方法を，**ラウスの安定判別法**あるいは**ラウス＝フルビッツの安定判別法**という.

例題9.4

特性方程式

$$s^4 + 2s^3 + 3s^2 + 4s + 5 = 0 \tag{9.18}$$

を持つシステムの安定性を調べなさい.

解答　ラウス表を作成すると，次のようになる.

s^4	1	3	5
s^3	2	4	
s^2	$\dfrac{2 \cdot 3 - 1 \cdot 4}{2} = 1$	$\dfrac{2 \cdot 5 - 1 \cdot 0}{2} = 5$	
s^1	$\dfrac{1 \cdot 4 - 2 \cdot 5}{1} = -6$		
s^0	5		

9.3 伝達関数表現の場合　　151

これより，ラウス数列は

$$\{\,1,\,2,\,1,\,-6,\,5\,\}$$

となり，2回の符号変化があるため，このシステムは不安定であり，2個の不安定根
を持つ． ■

さて，ラウスたちの時代には高次代数方程式を解くことは困難であったが，今
日では容易に数値計算できる．したがって，特性方程式の数値が与えられており，
MATLAB などが手軽に利用できる環境であれば，ラウスの安定判別法を利用する必
要はない．

しかしながら，次の例題のように，一部の係数の数値が与えられておらず，安定で
あるためにそれらの係数がどのような範囲であるべきかを計算するときには，ラウ
スの安定判別法が有用である．

例題 9.5

特性方程式

$$s^4 + 2s^3 + as^2 + 4s + 5 = 0 \tag{9.19}$$

を持つシステムが安定になるような a の範囲を求めなさい．

解答　ラウス表を作成すると，次のようになる．

s^4	1	a	5
s^3	2	4	
s^2	$\dfrac{2 \cdot a - 1 \cdot 4}{2} = a - 2$	$\dfrac{2 \cdot 5 - 1 \cdot 0}{2} = 5$	
s^1	$\dfrac{4(a-2) - 2 \cdot 5}{a-2} = \dfrac{4a - 18}{a-2}$		
s^0	5		

これより，ラウス数列は

$$\left\{\,1,\,2,\,a-2,\,\frac{4a-18}{a-2},\,5\,\right\}$$

となる．よって，安定であるためには，

152 第9章 LTI システムの安定性

$$a - 2 > 0 \quad \text{かつ} \quad \frac{4a - 18}{a - 2} > 0$$

が成り立たなければならない．したがって，$a > 4.5$ のときシステムは安定である．■

9.4 状態空間表現の場合

LTI システムが，次式のように状態空間表現されている場合を考える．

$$\frac{\mathrm{d}}{\mathrm{d}t}\boldsymbol{x}(t) = \boldsymbol{A}\boldsymbol{x}(t) + \boldsymbol{b}u(t) \tag{9.20}$$

$$y(t) = \boldsymbol{c}^T\boldsymbol{x}(t) \tag{9.21}$$

これを伝達関数に変換すると，

$$G(s) = \boldsymbol{c}^T(s\boldsymbol{I} - \boldsymbol{A})^{-1}\boldsymbol{b} = \frac{\boldsymbol{c}^T\mathrm{adj}(s\boldsymbol{I} - \boldsymbol{A})\boldsymbol{b}}{\det(s\boldsymbol{I} - \boldsymbol{A})} \tag{9.22}$$

となる．ここで，det は行列式を，adj は余因子行列を表す．これより，特性方程式は

$$\det(s\boldsymbol{I} - \boldsymbol{A}) = 0 \tag{9.23}$$

となるので，行列 $\boldsymbol{A}$ の固有値は特性根に等しい．したがって，安定条件は次のようになる．

✤ Point 9.5 ✤ 状態空間での安定判別法

LTI システムが状態空間表現されている場合，行列 $\boldsymbol{A}$ のすべての固有値の実部が負であれば，そのシステムは安定である．このとき，すべての固有値の実部が負であるような行列を**安定行列**（stable matrix）という．

本章のポイント

▼ LTI システムの BIBO 安定性の定義を理解すること．

▼ 線形システムが，インパルス応答，伝達関数，状態空間で表現されたとき，そのシステムの安定性を判別する方法を理解すること．

▼ ラウスの安定判別法の計算法を習得すること．

Control Quiz

9.1 次の特性方程式を持つ LTI システムの安定性を調べなさい．そして，不安定な場合には不安定極の個数を求めなさい．

(1) $s^5 + 2s^4 + 3s^3 + 4s^2 + 6s + 4 = 0$

(2) $3s^4 + 6s^3 + 29s^2 + 10s + 8 = 0$

(3) $s^3 + s^2 + 2s + 2 = 0$

9.2 読者の生年月日から特性方程式を構成し（ただし 0 は除く），その安定性を調べなさい．たとえば，2112 年 9 月 3 日生まれのドラえもんであれば，211293 より，特性方程式は

$$2s^5 + s^4 + s^3 + 2s^2 + 9s + 3 = 0$$

となり，これにラウスの安定判別法を適用すると，残念ながら不安定になる．

9.3 特性方程式

$$s^4 + 2s^3 + (a+4)s^2 + 4s + b = 0$$

を持つ LTI システムが安定になるような a, b の範囲を求め，$a\text{-}b$ 座標上に図示しなさい．

コラム5 —— ラウスとマクスウェル：ケンブリッジ大学の同級生

　第1章のコラム（p.18）で述べたガバナは，蒸気機関だけでなく原動機の回転制御装置としてまたたく間に広く普及したが，ハンチングと呼ばれる不安定現象（回転数の脈動）が問題になり始めた．

　ガバナのダイナミクスと安定性との関係に興味を持った研究者に，マクスウェル（James C. Maxwell）（1831～1879）がいた．彼は1868年に "On Governors"（ガバナについて）という論文を提出した．彼はこの論文で，ガバナのダイナミクスは3階微分方程式

$$MB\frac{\mathrm{d}^3 x(t)}{\mathrm{d}t^3} + (MY+FB)\frac{\mathrm{d}^2 x(t)}{\mathrm{d}t^2} + FY\frac{\mathrm{d}x(t)}{\mathrm{d}t} + FGx(t) = 0$$

で記述できることを明らかにした．この微分方程式は，ガバナの数学モデルである．そして，ガバナが安定に動作するための条件が

$$\left(\frac{F}{M} + \frac{Y}{B}\right)\frac{Y}{B} - \frac{G}{B} > 0$$

であることを示した．しかし，この条件は必要条件であり，マクスウェルは必要十分条件を導くことはできなかった．この論文は，制御理論の最初の論文とされ，マクスウェルが制御に関して書いた唯一の論文でもあった．

　その7年後，1875年のアダムス賞（英国の権威ある懸賞論文）の課題は，「ダイナミカルシステムの安定条件について」であり，その審査員の一人はマクスウェルであった．この課題に対して，"Treatise on the Stability of a Given State of Motion"（与えられた運動の状態の安定性に関する論文）を提出し，1877年にアダムス賞を受賞したのがラウス（Edward J. Routh）（1831～1907）だった．ラウスは，この論文の中で「ラウスの安定判別法」として有名になった方法を提案した．

　ちなみに，ラウスとマクスウェルはケンブリッジ大学の同級生であり，大学の数学の卒業試験は，ラウスが1番で，マクスウェルは2番だったそうである．なお，同時期には，ストークスの定理で有名なストークスもケンブリッジ大学に在籍していた．

マクスウェル（左）とケンブリッジ大学のピーターハウスのダイニングルームに飾られているラウスの肖像画（右）

第10章 フィードバックシステムの安定性

本章ではフィードバックシステムの安定性について考える．まず，ラウスの安定判別法を用いた代数的な方法を紹介し，次に，周波数領域における図的な方法であるナイキストの安定判別法を与える．さらに，内部安定性の定義を与え，不安定システムを安定化する方法を紹介する．最後に，安定性の度合いを測るゲイン余裕と位相余裕という安定余裕について説明する．

10.1 フィードバックシステムの安定判別

図 10.1 (a) の直結フィードバック制御系を考える．ただし，$P(s)$ は制御対象の伝達関数，$C(s)$ はコントローラの伝達関数である．一巡伝達関数を $L(s) = P(s)C(s)$ とおくと，図 10.1 (a) は図 10.1 (b) に等価変換できる．さらに，それは図 10.1 (c) の閉ループ制御系に変換できる．ただし，本節と次節では，$P(s)$ と $C(s)$ のそれぞれ

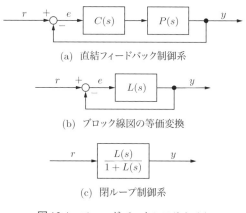

(a) 直結フィードバック制御系

(b) ブロック線図の等価変換

(c) 閉ループ制御系

図 10.1 フィードバックシステム (1)

の極と零点は共通因子を持たない，すなわち $P(s)$ と $C(s)$ は**極零相殺**がないと仮定する．

図 10.1 (a) のフィードバックシステムの安定性は，伝達関数が

$$W(s) = \frac{L(s)}{1+L(s)} \tag{10.1}$$

である LTI システム（閉ループシステム）の BIBO 安定性を調べればよいことがわかる．そのためには，特性方程式

$$1 + L(s) = 0 \tag{10.2}$$

の根の配置を調べればよい．ここで，$1+L(s)$ を**還送差**（return difference）という．

次に，図 10.2 で与えるフィードバックシステムの場合，$r(t)$ から $y(t)$ までの閉ループ伝達関数は

$$W(s) = \frac{P(s)}{1+L(s)} \tag{10.3}$$

となり，この場合の特性方程式も式 (10.2) になる．以上より，次の結果を得る．

❖ **Point 10.1** ❖ **フィードバックシステムの安定条件**

図 10.1 あるいは図 10.2 のフィードバックシステムが安定であるための必要十分条件は，特性方程式

$$1 + L(s) = 0 \tag{10.4}$$

の根がすべて左半平面に存在することである．

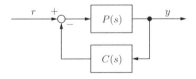

図 10.2　フィードバックシステム (2)

例題を通してこの条件について見ていこう．

例題 10.1

図 10.1 (b) のブロック線図において，
$$L(s) = \frac{1}{s^2 + 4s + 2}$$
のとき，このフィードバックシステムの安定性を調べなさい．

解答 特性方程式は，
$$1 + L(s) = 1 + \frac{1}{s^2 + 4s + 2} = \frac{s^2 + 4s + 3}{s^2 + 4s + 2} = 0$$
となる．これが成り立つのは，分子多項式が 0 となるときなので，
$$s^2 + 4s + 3 = 0$$
の根が特性根である．これは 2 次方程式なので，ラウスの方法を使うまでもなく，特性根は $s = -1, -3$ であり，このフィードバックシステムは安定である． ■

例題 10.2

図 10.3 のフィードバックシステムを考える．ここで，制御対象は
$$P(s) = \frac{A}{(T_1 s + 1)(T_2 s + 1)}$$
の 2 次系で与えられる．また，コントローラの伝達関数を
$$C(s) = \frac{K}{s}$$
とする．これは積分補償器とも呼ばれる．いま，A, T_1, T_2 を正定数とし，可調整パラメータはコントローラのゲイン K (> 0) のみとする．このとき，フィードバックシステムが安定となる K の範囲を求めなさい．

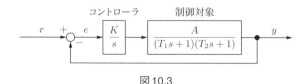

図 10.3

158　第10章　フィードバックシステムの安定性

解答　一巡伝達関数は

$$L(s) = \frac{KA}{s(T_1 s + 1)(T_2 s + 1)}$$

なので，特性方程式は次のようになる．

$$1 + L(s) = 1 + \frac{KA}{s(T_1 s + 1)(T_2 s + 1)} = \frac{s(T_1 s + 1)(T_2 s + 1) + AK}{s(T_1 s + 1)(T_2 s + 1)} = 0$$

よって，

$$T_1 T_2 s^3 + (T_1 + T_2)s^2 + s + AK = 0$$

となり，これを用いてラウス表を作成すると，

s^3	$T_1 T_2$	1
s^2	$T_1 + T_2$	AK
s^1	$\dfrac{T_1 + T_2 - AKT_1T_2}{T_1 + T_2}$	
s^0	AK	

が得られる．よって，ラウス数列は，

$$\left\{ T_1 T_2 \, (> 0), \, T_1 + T_2 \, (> 0), \, \frac{T_1 + T_2 - AKT_1T_2}{T_1 + T_2}, \, AK \, (> 0) \right\}$$

となる．これより，フィードバックシステムが安定であるためには，

$$\frac{T_1 + T_2 - AKT_1T_2}{T_1 + T_2} > 0$$

が成り立たなければならない．すなわち，

$$0 < K < \frac{1}{A} \frac{T_1 + T_2}{T_1 T_2}$$

となる．　■

例題10.3

図10.4のフィードバックシステムが安定となるための K の範囲を求めなさい．

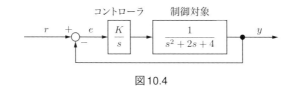

図10.4

解答 一巡伝達関数は

$$L(s) = \frac{K}{s^3 + 2s^2 + 4s}$$

なので,特性方程式は

$$s^3 + 2s^2 + 4s + K = 0$$

となる.例題10.2と同様にラウス表を作成することにより,

$$0 < K < 8$$

のとき,フィードバックシステムは安定である. ∎

特性根を実際に計算することによって,この結果を確認してみよう.K を 0 から 1 刻みで 20 まで増加させていったときの三つの特性根の軌跡を図10.5に示す.図より,K を増加させていくと,1 対の複素共役根の実部が正になり,右半平面に存在することになってしまうことがわかる.このように比例ゲイン K の値を変化させて

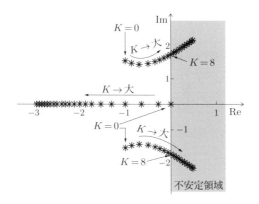

図10.5 特性根のプロット

160 第10章 フィードバックシステムの安定性

フィードバックシステムの安定性（さらには制御性能）を調べる方法を**根軌跡法**という，これについては11.4節で述べる．

10.2 ナイキストの安定判別法

まず，ナイキストの安定判別法を与えよう．

✿Point 10.2✿ ナイキストの安定判別法

ナイキストの安定判別法とは，一巡伝達関数（開ループシステム）$L(s)$ のナイキスト線図を描くことにより，図10.1あるいは図10.2のフィードバックシステム（閉ループシステム）の安定性を周波数領域において図的に判別する方法である．

ここで，「開ループ情報に基づいて閉ループシステムの安定性を判別する」ことが，本書で主に扱う古典制御の特徴である．また，前述の伝達関数や状態空間における安定判別では，システムは有限次元[1]である必要があった．そのため，むだ時間要素 $e^{-\tau s}$ が含まれているシステムの安定性を判別することはできなかった．それに対して，ここで述べるナイキストの安定判別法は，周波数領域における判別法であるため，むだ時間要素を含むシステムに対しても適用可能である．さらに，相対的な安定度に関する情報も得られるため，（本書の範囲を超えてしまうが）ロバスト制御理論においても重要な役割を演ずる．

さて，ナイキストの安定判別法は，開ループシステム $L(s)$ が安定か不安定かにかかわらず成立する統一的な方法であるが，両者を分けたほうが理解しやすいので，以下ではそれぞれについて説明する．

10.2.1 開ループシステムが安定な場合

開ループシステムが安定な場合のナイキストの安定判別法を，Point 10.3にまとめよう．

---

[1]. 分子・分母多項式が有限次数を持つ分数によって伝達関数が記述されること．このような伝達関数を有理伝達関数という．

❖ Point 10.3 ❖　ナイキストの安定判別法（開ループシステムが安定な場合）

図 10.6 (a) のフィードバックシステムを考える．開ループシステム $L(s)$ が安定であるとき，このフィードバックシステムの安定性は，次のように判別できる．

$\omega = 0 \sim \infty$ に対するベクトル軌跡を描く．ω を増加させていったとき，点 $-1+j0$ を左側に見れば安定であり，右側に見れば不安定である．また，点 $-1+j0$ 上をベクトル軌跡が通過するときは安定限界である．この様子を図 10.6 (b) に示す．

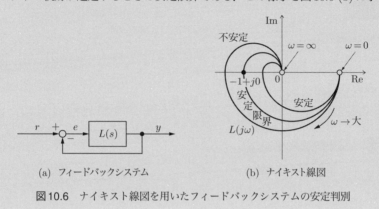

(a) フィードバックシステム　　(b) ナイキスト線図

図 10.6　ナイキスト線図を用いたフィードバックシステムの安定判別

ナイキストの安定判別法を利用する上で最も重要なことは，ナイキスト線図が作図できるかどうかである．特に，高次系の場合，ボード線図のゲイン特性のようにナイキスト線図を簡便に描く方法は存在しない．ナイキスト線図を作図するときなどは，まさに MATLAB をはじめとする制御用ソフトウェアの出番であり，大いに活用すべきである．とはいえ，制御工学の基本として，以下では簡単なシステムのナイキスト線図の作図の例を与えよう．

❖ Point 10.4 ❖　ナイキスト線図の描き方

ソフトウェアを利用せずにナイキスト線図を作図する場合，全周波数帯域にわたって正確に描くことはなく，次の周波数を特に注意して描くとよい．

- $\omega = 0$ のとき
- $\omega = \infty$ のとき（厳密にプロパーな場合は原点になる）

162   第10章　フィードバックシステムの安定性

- $\omega = \omega_\pi$（位相が $180°$ 遅れる点）のとき：これは位相交差周波数と呼ばれ，$\mathrm{Im}L(j\omega) = 0$ となる周波数のことであり，負の実軸上に位置する.
- システムが振動系の場合には，共振周波数付近は特に細かい間隔で計算する.

例題を通してナイキスト線図の描き方を学ぼう.

例題 10.4

一巡伝達関数が

$$L(s) = \frac{K}{(s+1)(s+2)(s+3)}, \quad K > 0$$

のナイキスト線図を描き，フィードバックシステムの安定性を調べなさい.

解答　一巡伝達関数の周波数伝達関数は，

$$L(j\omega) = \frac{K}{(j\omega+1)(j\omega+2)(j\omega+3)} = \frac{K}{(6-6\omega^2) + j\omega(11-\omega^2)} \tag{10.5}$$

となる.

重要な周波数について調べていこう.

- $\omega = 0$ のとき，$L(s) = K/6$ になるので，

$$|L(j0)| = \left|\frac{K}{6}\right|, \qquad \angle L(j0) = 0°$$

- $\omega = \infty$ のとき，

$$|L(j\infty)| = 0, \qquad \lim_{\omega \to \infty} \angle L(j\omega) = \lim_{\omega \to \infty} \frac{K}{(j\omega)^3} = -270°$$

- $\omega = \omega_\pi$ のとき，位相が $180°$ 遅れる点は負の実軸上であるので，式 (10.5) において分母の虚部を 0 とおくと，$\omega_\pi = \sqrt{11}$ を得る. これより，ゲインは次式となる.

$$|L(j\omega_\pi)| = \frac{K}{60} = \rho$$

これらを用いて描いたナイキスト線図を図10.7に示す．図より明らかなように，

　　$\rho < 1$　すなわち　$K < 60$

のとき，フィードバックシステムは安定になる． ∎

　比較のために，MATLAB を用いて描いたナイキスト線図を図10.8に示す．図では，$K = 10, 60, 120$ とした三つの場合のナイキスト線図を示している．$K = 60$ のときに，点 $-1 + j0$ 上をベクトル軌跡が通過しており，これが安定限界である．$K = 120$ にすると，点 $-1 + j0$ を右側に見てしまうので，不安定になる．

　MATLAB では，$\omega = +0 \sim \infty$ と $\omega = -\infty \sim -0$ までの正と負の周波数すべてにわたる軌跡をプロットしていることに注意しよう．このとき，$\omega = +0 \sim \infty$ の正の周波数のベクトル軌跡と $\omega = -\infty \sim -0$ の負の周波数のベクトル軌跡とは，実軸に関して対称である．

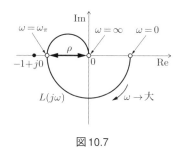

図 10.7

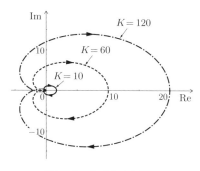

図 10.8　ナイキスト線図

164　第10章　フィードバックシステムの安定性

例題 10.5

一巡伝達関数が

$$L(s) = \frac{5}{s(s+1)(s+2)}$$

で与えられる直結フィードバック制御系を考える．$L(s)$ のナイキスト線図を描き，このフィードバックシステムの安定性を調べなさい．

解答　一巡伝達関数の周波数伝達関数は，

$$L(j\omega) = \frac{5}{j\omega(j\omega+1)(j\omega+2)} = \frac{5}{-3\omega^2 + j\omega(2-\omega^2)}$$

$$= -\frac{15}{9\omega^2 + (2-\omega^2)^2} - j\frac{5(2-\omega^2)}{\omega[9\omega^2 + (2-\omega^2)^2]}$$

となる．重要な周波数について調べると，次のようになる．

- $\omega = 0$ のとき，

$$|L(j0)| = \infty, \qquad \angle L(j0) = -90°$$

- $\omega = \infty$ のとき，

$$|L(j\infty)| = 0, \qquad \lim_{\omega \to \infty} \angle L(j\omega) = \lim_{\omega \to \infty} \frac{5}{(j\omega)^3} = -270°$$

- $\omega = \omega_\pi$ のとき，$\mathrm{Im}[L(j\omega)] = 0$ より，$\omega_\pi = \sqrt{2}$ となり，このときのゲインは次式となる．

$$|L(j\omega_\pi)| = \left|-\frac{15}{9 \times 2}\right| = \frac{5}{6} = 0.833 < 1$$

さらに，ナイキスト線図の漸近線は，次式より計算できる．

$$\lim_{\omega \to 0} \mathrm{Re}[L(j\omega)] = \lim_{\omega \to 0}\left\{-\frac{15}{9\omega^2 + (2-\omega^2)^2}\right\} = -3.75$$

この場合のナイキスト線図を図10.9に示す．図10.9において，(a) は周波数範囲を0.05〜10 rad/s としたものであり，(b) は1〜10 rad/s としたものである．(a) より，漸近線が -3.75 であることがわかり，(b) より点 $-1+j0$ を左側に見ているので，フィードバックシステムは安定であることがわかる．　∎

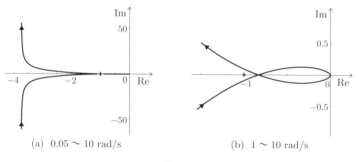

(a) $0.05 \sim 10$ rad/s　　　(b) $1 \sim 10$ rad/s

図10.9

この例題から明らかなように，ナイキスト線図を描く際には，どの周波数範囲をプロットするかが重要になる．そのためにも，周波数 $\omega = \omega_\pi$ をあらかじめ計算しておくとよい．

例題 10.6

直結フィードバック制御系において，一巡伝達関数が

$$L(s) = \frac{K}{(s+1)^2(10s+1)}, \quad K > 0$$

で与えられるとき，このフィードバックシステムが安定限界になる K の値を求めなさい．また，そのときの持続振動周波数 ω_π を求めなさい．

解答　特性方程式

$$1 + L(s) = 0$$

より，

$$10s^3 + 21s^2 + 12s + (1+K) = 0$$

が得られる．この係数でラウス表を作成し，ラウス数列を求めると，次のようになる．

$$\left\{ 10, 21, \frac{242 - 10K}{21}, 1+K \right\}$$

よって，安定限界となるときの K の値は，

$$\frac{242 - 10K}{21} = 0$$

より，$K = 24.2$ となる．

ナイキスト線図より，持続振動周波数 ω_π は $\text{Im}[L(j\omega)] = 0$ を満たす周波数なので，

$$L(j\omega) = \frac{24.2}{(1+j\omega)^2(1+j10\omega)} = \frac{24.2}{(1-19\omega^2) + j\omega(12-10\omega^2)}$$

において，虚部を 0 とする周波数を ω_π とすると，

$$\omega_\pi(12 - 10\omega_\pi^2) = 0$$

を解き，正のものを選ぶと，$\omega_\pi = \sqrt{6/5}$ が得られる．■

次に，むだ時間要素を含むフィードバックシステムのナイキスト線図を描こう．

例題 10.7

MATLAB [2] 図 10.10 に示すむだ時間要素を含むフィードバックシステムにおいて，むだ時間 τ の値を 0, 0.218, 0.5 と変化させてナイキスト線図を描き，むだ時間と安定性の関係を調べなさい．

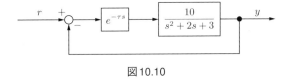

図 10.10

解答 一巡伝達関数は，

$$L(s) = \frac{10e^{-\tau s}}{s^2 + 2s + 3}$$

となる．むだ時間要素が入っている場合，計算機を利用せずにナイキスト線図を描くことは困難である．そこで，MATLAB を利用して描いたナイキスト線図を図 10.11 に示す．図は，$\tau = 0, 0.218, 0.5$ の三つの場合を示している．

図より，$\tau = 0$ のときは安定，$\tau = 0.218$ のときは安定限界，そして $\tau = 0.5$ のときは不安定である．このように，むだ時間が大きいシステムでは位相遅れが増大す

---

2. この例題のように MATLAB の利用を前提とした演習問題には **MATLAB** のマークを付けた．以下の例題や Control Quiz でも同様である．

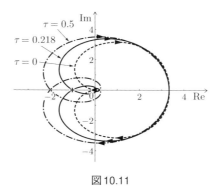

図 10.11

るために，フィードバックシステムは不安定になりやすい．つまり，むだ時間要素はフィードバックシステムの安定性に悪影響を及ぼす要素である． ∎

ナイキストの安定判別法のゲイン特性だけに着目したものが，次に与えるスモールゲイン定理である．

> ❖ **Point 10.5** ❖　**スモールゲイン定理**（small gain theorem）
>
> 一巡伝達関数 $L(s)$ が安定な場合，フィードバックシステムが安定になるための十分条件は，
>
> $$|L(j\omega)| < 1, \quad \forall \omega \tag{10.6}$$
>
> が成り立つことである．ノルムの記号を用いると，式 (10.6) は次のように書き直すことができる．
>
> $$\|L\|_\infty < 1 \tag{10.7}$$

この定理は，図 10.12 に示すように，単位円内にベクトル軌跡が存在していれば，閉ループシステムは必ず安定であることを意味している．すなわち，一巡伝達関数のゲインがすべての周波数において 0 dB，すなわち 1 より小さければ，位相特性にかかわらず，閉ループシステムは安定になる．

図 10.13 を用いてスモールゲイン定理の意味を調べてみよう．図において r から y までの信号の流れに注目する．まず，r を出発した信号は L を通り Lr という信号

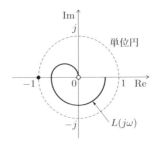

図10.12 スモールゲイン定理

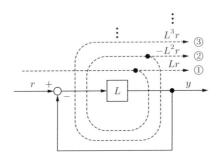

図10.13 ブロック線図を用いたスモールゲイン定理の説明

となって y に到達する（図では ① とした信号）．フィードバックがなければ話はこれで終わるが，この信号は負のフィードバックが施され，その後 L を通って $-L^2r$ という信号となって再び y に到達する（② の信号）．さらに，その信号はフィードバックされて L^3r という信号となって y に到達する（③ の信号）… というように，フィードバックシステム内で信号は無限回ループしており，これは

$$y = Lr - L^2r + L^3r - \cdots = (L - L^2 + L^3 - \cdots)r \tag{10.8}$$

という無限級数の和により表現できる．かっこ内は初項 L，公比 $-L$ の無限等比級数であるので，無限等比級数の和の公式より次式を得る．

$$y = \frac{L}{1+L}r \tag{10.9}$$

当然のことであるが，これはブロック線図の簡単化より得られた閉ループ伝達関数を与える式に一致する．

もし L が実数であれば，式 (10.8) の無限級数が収束するための必要十分条件は，

$$|L| < 1 \tag{10.10}$$

である．しかしながら，いま $L(j\omega)$ は周波数 ω の複素関数なので，

$$|L(j\omega)| < 1, \quad \forall \omega \tag{10.11}$$

は十分条件となる．なぜならば位相情報を考慮していないからである．したがって，スモールゲイン定理を満たしていれば閉ループシステムは必ず安定であるが，スモールゲイン定理を満たしていないからといって不安定になるとは限らない．

さて，スモールゲイン定理は，全周波帯域においてゲインの大きさが 0 dB より小さければ，位相がどのような値をとっても必ず安定であることを保証する定理であった．これに対して，全周波帯域において位相が $-180°$ より遅れなければ，ゲインがどのような値をとってもフィードバックシステムは安定である[3]．

10.2.2　開ループシステムが不安定な場合

たとえば，制御対象が自転車のように不安定で，それをフィードバックコントローラによって安定化したい場合には，開ループシステムが不安定である．このような場合の安定判別法を以下に与える．

❖ Point 10.6 ❖　ナイキストの安定判別法（開ループシステムが不安定な場合）

開ループシステム $L(s)$ が不安定な場合，P を $L(s)$ の不安定な極の総数とし，N を $L(s)$ のナイキスト線図が点 $-1 + j0$ を反時計方向にまわる回数とすると，$N = P$ であれば，フィードバックシステムは安定である．

例題を通して見ていこう．

---

[3]. 制御系を実装すると，必ずハードウェアなどによる位相遅れが生じるため，この条件が現実に満たされることはない．しかし，周波数帯域を限定すれば，その帯域において位相遅れを 180° 以内にすることは可能である．制御の現場では，このことを「位相安定化」と呼ぶこともある．

例題 10.8

一巡伝達関数が

$$L(s) = \frac{K}{s-1}, \quad K > 0$$

で与えられる直結フィードバックシステムを考える．このとき，K の値とフィードバックシステムの安定性の関係を調べなさい．

解答 この一巡伝達関数は $s=1$ に極を1個持つので，不安定であり，$P=1$ である．このとき，閉ループ伝達関数は

$$W(s) = \frac{K}{s + (K-1)}$$

となるので，$K > 1$ であれば，特性根（閉ループ極）は $s = -K+1 < 0$ となり，フィードバックシステムは安定になる． ∎

この条件をナイキストの安定判別法より導こう．$K = 0.5, 1, 1.5$ とした場合のナイキスト線図を図10.14に示す．まず，$K = 0.5$ のとき，ナイキスト線図は点 $-1 + j0$ を反時計方向に1回もまわらないので，$N = 0$ である．よって，$P \neq N$ であり，フィードバックシステムは不安定である．次に，$K = 1.5$ のとき，ナイキスト線図は点 $-1 + j0$ を反時計方向に1回まわるので，$N = 1$ である．よって，$P = N$ となり，フィードバックシステムは安定である．また，$K = 1$ のときは安定限界である．この例では，ゲイン K が小さいときは不安定であり，逆に大きくすると安定になっていく点が興味深い．

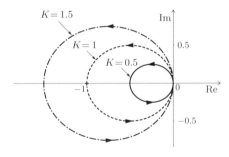

図10.14 開ループシステムが不安定な場合のナイキストの安定判別法

10.3　内部安定性

これまでの議論では，$P(s)$ と $C(s)$ の間に極零相殺がないと仮定していた．本節では，極零相殺がある状況も考慮した，より一般的なフィードバックシステムの安定性（これを**内部安定性**という）を与えよう．

図10.15に示すフィードバックシステムを考える．ここで，r は目標値，d は外乱，y は制御出力である．また，内部信号 x_1, x_2 を図のように定義する．

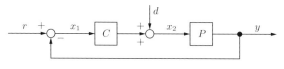

図10.15　フィードバックシステム

このとき，外部からの信号 r, d と内部信号 x_1, x_2 は，次式を満たす．

$$x_1 = r - Px_2$$
$$x_2 = d + Cx_1$$

行列を用いてこれを表現すると，

$$\begin{bmatrix} 1 & P \\ -C & 1 \end{bmatrix} \begin{bmatrix} x_1 \\ x_2 \end{bmatrix} = \begin{bmatrix} r \\ d \end{bmatrix} \tag{10.12}$$

となる．このとき，次の用語を定義する．

❖ Point 10.7 ❖　適切性

式 (10.12) 左辺の 2×2 行列が正則の場合，すなわちその行列式である $1 + P(s)C(s)$ が恒等的に 0 ではないとき，フィードバックシステムは**適切** (well-posed) であると言われる．

たとえば，$P(s) = 1$，$C(s) = -1$ のとき，フィードバックシステムは適切ではない．フィードバックシステムが適切な場合，式 (10.12) より次式が得られる．

$$\begin{bmatrix} x_1 \\ x_2 \end{bmatrix} = \frac{1}{1+PC} \begin{bmatrix} 1 & -P \\ C & 1 \end{bmatrix} \begin{bmatrix} r \\ d \end{bmatrix} \tag{10.13}$$

172　第 10 章　フィードバックシステムの安定性

本書では，P は厳密にプロパーで，C はプロパーであると仮定する．この仮定のもとで，式 (10.13) の四つの伝達関数はプロパーになる．以上の準備のもとで，内部安定性の定義を与えよう．

✤ Point 10.8 ✤　内部安定性

　式 (10.13) の四つの伝達関数（$r \to x_1$，$r \to x_2$，$d \to x_1$，$d \to x_2$）がすべて BIBO 安定のとき，フィードバックシステムは**内部安定**（internally stable）であるという．

内部安定性は，すべての有界な外部信号に対して，内部信号が有界になることを保証する．

例題を通して内部安定性について見ていこう．

例題 10.9

図 10.15 において
$$P(s) = \frac{1}{s^2 - 1}, \qquad C(s) = \frac{s - 1}{s + 1}$$
とする．このとき，r から y への伝達関数と，d から y への伝達関数を計算し，このフィードバックシステムの内部安定性を調べなさい．

解答　まず，
$$y = \frac{P}{1 + PC}(Cr + d)$$
なので，r から y への伝達関数は
$$\frac{PC}{1 + PC} = \frac{1}{s^2 + 2s + 2}$$
となり，これは安定である．一方，d から y への伝達関数は，
$$\frac{P}{1 + PC} = \frac{s + 1}{(s - 1)(s^2 + 2s + 2)}$$
となり，これは不安定である．したがって，このフィードバックシステムは内部安定ではない． ∎

P と C の積を計算する際,

$$P(s)C(s) = \frac{1}{(s+1)(s-1)}\frac{s-1}{s+1} = \frac{1}{(s+1)^2}$$

のように, $s = 1$ でプラントの極とコントローラの零点が相殺されていることにより, 内部安定性を得られなかった. これは右半平面における極零相殺なので, **不安定な極零相殺**と呼ばれる.

10.4　不安定システムの安定化

たとえば, 制御対象が

$$P(s) = \frac{1}{s-1}$$

のように不安定な場合を考えよう. このシステムの逆システム

$$C(s) = s - 1$$

をフィードフォワードコントローラとして直列接続すると, 目標値 r から出力 y までの入出力関係は 1 となるが, この場合, 不安定な極零相殺を起こしてしまうため, 内部安定ではなくなる. すなわち, 不安定な制御対象をフィードフォワード制御によって安定化することはできない.

一方,

$$C(s) = K$$

として, 直結フィードバック制御系を構成すると, 閉ループ伝達関数は

$$W(s) = \frac{K}{s+K-1}$$

となる. これより, 閉ループ極は $s = 1 - K$ である. このとき, K を $K > 1$ となるように選べば, フィードバック制御を行うことによって, 不安定な極を左半平面に移動することができ, 安定化できる. このように, 不安定システムを安定化するためには, フィードバック制御が必要になる.

10.5 安定余裕

これまでは，フィードバックシステムが安定か不安定かという2値的な判別を行ってきた．しかしながら，安定性の度合いを定量的に評価することは大きな意味を持つ．そこで，本節では，安定度の指標であるゲイン余裕と位相余裕を与えよう．

図10.16のフィードバックシステムを考える．この制御系では，1次遅れ系の制御対象を積分型のコントローラでフィードバック制御している．積分器のゲイン K のみを可変とし，この値を変化させたときのナイキスト線図を図10.17に示す．図では，$K=1, 2$ の二つの場合を示している．図より，$K=2$ の場合のほうがベクトル軌跡は点 $-1+j0$ に近く，さらに K を大きくすると，ベクトル軌跡は点 $-1+j0$ にどんどん近づいていき，安定性が損なわれていくことがわかる．このように，ベクトル軌跡と点 $-1+j0$ の位置関係（距離）により，フィードバックシステムの安定度を規定することができる．そこで，安定度を規定する重要な量であるゲイン余裕と位相余裕を定義しよう．

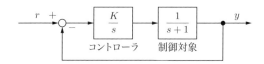

図10.16　フィードバックシステム

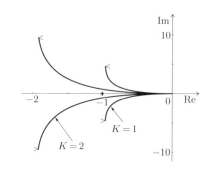

図10.17　フィードバックシステムの安定度

❖ Point 10.9 ❖　ゲイン余裕と位相余裕

図10.18のナイキスト線図において，$L(j\omega)$ と負の実軸（これは位相が 180° 遅れるところに対応）との交点と原点の間の距離を ρ とすると，**ゲイン余裕**（gain margin）G_M は，

$$G_M = 20 \log_{10} \frac{1}{\rho} = -20 \log_{10} \rho = -20 \log_{10} |L(j\omega_\pi)| \tag{10.14}$$

で定義される．ここで，ω_π は位相が $-180°$ となる周波数である．

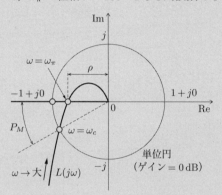

図10.18　ゲイン余裕と位相余裕

一方，**位相余裕**（phase margin）は

$$P_M = 180° + \angle L(j\omega_c) \tag{10.15}$$

で定義される．ここで，ω_c はゲインが 0 dB となる周波数である．図中に示した原点を中心とする半径 1 の円（単位円）は 0 dB の等高線を表しているので，位相余裕は $L(j\omega)$ と単位円の交点から求めることができる．

　ゲイン余裕 G_M と位相余裕 P_M は，図10.19のようにボード線図上で定義することもできる．まず，ゲイン余裕は，位相が 180° 遅れる周波数で 0 dB よりどれだけ下にあるかを表す量である．したがって，図において下向きが正である．また，位相余裕は，ゲインが 0 dB となる周波数で位相が $-180°$ よりどれだけ上にあるかを表す量である．したがって，図において上向きが正である．

図10.19において，(a)はゲイン余裕，位相余裕とも正であるので，安定システムである．一方，(b)はゲイン余裕，位相余裕とも負であるので，不安定システムである．

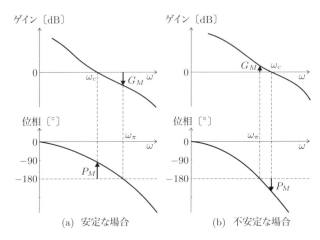

図10.19　ボード線図上のゲイン余裕 G_M と位相余裕 P_M

例題 10.10

MATLAB 一巡伝達関数が

$$L(s) = \frac{15}{s^3 + 6s^2 + 11s + 6}$$

であるとき，このフィードバックシステムの安定性を調べなさい．また，ゲイン余裕，位相余裕を求めなさい．

解答　図10.20に示すナイキスト線図を描いて安定性を調べる．$L(s)$ は安定であるため，図より，ベクトル軌跡は $s = -1$ を左に見るので，フィードバックシステムは安定である．描いたナイキスト線図からゲイン余裕と位相余裕を読み取ることもできるが，MATLABでボード線図を図示し，ゲイン余裕と位相余裕を調べることができる．図10.21より，$\omega_\pi = 3.32$ rad/s のとき $G_M = 12.0$ dB，$\omega_c = 1.49$ rad/s のとき $P_M = 60.7°$ である．　■

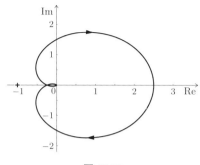

図 10.20

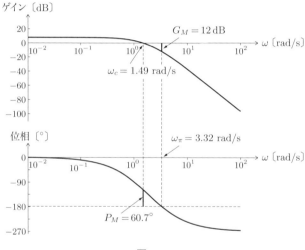

図 10.21

本章のポイント

▼ フィードバックシステム(閉ループシステム)の安定性を調べる際,一巡伝達関数(開ループシステム)を用いることに注意すること.

▼ 周波数領域におけるナイキストの安定判別法を習得すること.

▼ 周波数領域における安定余裕であるゲイン余裕と位相余裕をボード線図上で読み取ることができるようになること.

▼ 本書より進んだ内容であるロバスト制御を学習するための基礎となる,スモールゲイン定理や内部安定性の意味を知ること.

178   第10章　フィードバックシステムの安定性

Control Quiz

10.1   一巡伝達関数 $L(s)$ が次のように与えられる直結フィードバック制御系が安定となるような K の範囲を求めなさい.

$$(1)\ L(s) = \frac{K}{s(0.1s+1)(0.2s+1)} \qquad (2)\ L(s) = \frac{K(s+1)}{s(s-1)(s+6)}$$

10.2   一巡伝達関数が

$$L(s) = \frac{K(s+10)}{s(s+1)(s+5)}$$

で与えられるとき，次の問いに答えなさい.

(1) このフィードバック制御系が安定となるような K の範囲を求めなさい.

(2) 安定限界を与える K の値を求め，そのときフィードバック制御系がどのような振る舞いを示すかを述べなさい.

第11章 制御系の過渡特性

制御系に第一に要求されるものは，第10章で述べた安定性である．安定性が確保されたら，次に考えることは制御系の**性能**（performance）である．制御系の性能は，**過渡特性**（transient characteristic）と**定常特性**（steady-state characteristic）に分類できる．本章では，まず制御系の過渡特性について，時間領域，s領域，周波数領域から調べよう．続く第12章では，制御系の定常特性について述べる．

11.1 時間領域における過渡特性の評価

図11.1の直結フィードバック制御系において，目標値 r から制御量 y までの閉ループ伝達関数を $W(s)$ とおくと，

$$W(s) = \frac{L(s)}{1 + L(s)} \tag{11.1}$$

となる．ただし，$L(s)$ は一巡伝達関数であり，閉ループシステムは安定であると仮定する．

このとき，時間領域においてフィードバック制御系の過渡特性を評価する最も一般的な方法は，目標値 $r(t)$ として単位ステップ信号 $u_s(t)$ を入力したときの制御量 $y(t)$ の波形，すなわちステップ応答波形を観察する方法であり，これは**ステップ応答試験**と呼ばれる．

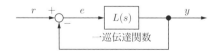

図11.1　直結フィードバック制御系

180　第11章　制御系の過渡特性

いま，$W(s)$ を次式のような厳密にプロパーな n 次系とする．

$$W(s) = \frac{B(s)}{(s - s_1)(s - s_2) \cdots (s - s_n)} \tag{11.2}$$

ただし，$B(s)$ は $(n-1)$ 次以下の多項式である．このとき，$s_i\ (i = 1, 2, \ldots, n)$ は相異なる特性根（閉ループ極）である．閉ループシステムは安定であると仮定したので，$\mathrm{Re}(s_i) < 0$ である．単位ステップ信号のラプラス変換が $1/s$ であることを思い出すと，閉ループシステムのステップ応答（$f(t)$ とおく）は，次のように計算できる．

$$\begin{aligned}
f(t) &= \mathcal{L}^{-1}\left[W(s)\frac{1}{s} \right] \\
&= \mathcal{L}^{-1}\left[\frac{B(s)}{(s - s_1)(s - s_2) \cdots (s - s_n)}\frac{1}{s} \right] \\
&= \mathcal{L}^{-1}\left[\frac{c}{s} + \sum_{i=1}^{n} \frac{\alpha_i}{s - s_i} \right] \\
&= c + \sum_{i=1}^{n} \alpha_i e^{s_i t}, \quad t \geq 0
\end{aligned} \tag{11.3}$$

ただし，α_i は留数計算によって得られる定数である．また，c は閉ループシステムの**定常ゲイン**であり，

$$c = W(s)|_{s=0}$$

より計算できる．

式 (11.3) は第9章で述べた**モード展開表現**であり，これより次のことがわかる．

(1) $\mathrm{Re}(s_i) < 0$ という安定性の仮定より，$t \to \infty$ のとき，式 (11.3) の右辺第2項は0に向かう．これは，**過渡応答**（transient response）と呼ばれる．

(2) 一方，式 (11.3) の右辺第1項は，$t \to \infty$ のときの $f(t)$ の値（定常値あるいは最終値）であり，**定常応答**（steady-state response）と呼ばれる．

本章では (1) の過渡応答について考える．(2) の定常応答に関しては次章で述べる．

❖ Point 11.1 ❖　ステップ応答を用いた特性値

振動的な制御系に対するステップ応答波形の代表的な例を図 11.2 に示す．この図と表 11.1 により，過渡特性を定量化する代表的な項目を定義している．これら

の特性値のうち，**立ち上がり時間**（rise time），**遅れ時間**（delay time），そして**行き過ぎ時間**（peak time）は，**速応性**（speed of response）の指標となるものである．すなわち，これらの値が小さいほど速応性が良い制御系である．また，**最大行き過ぎ量**（maximum overshoot）は制御系の**減衰性**（あるいは安定性）の指標であり，これが大きい場合，減衰性の悪い制御系になる．最大行き過ぎ量は通常パーセンテージで表されるので，**パーセントオーバーシュート**（percent overshoot; P.O.）と呼ばれることもある．さらに，**整定時間**（settling time）は，速応性と減衰性の両者に関係する特性値である（後述）．

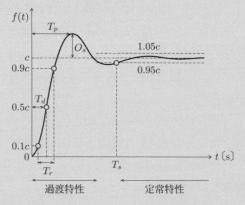

図 11.2　ステップ応答における過渡特性と定常特性

表 11.1　ステップ応答の特性値

特性値	記号	定義
立ち上がり時間	T_r	ステップ応答が定常値 c の 10 % から 90 % に達するまでに要する時間
遅れ時間	T_d	ステップ応答が定常値の 50 % に達するまでに要する時間
行き過ぎ時間	T_p	最大行き過ぎ量に達するまでに要する時間
最大行き過ぎ量	O_s	ステップ応答が定常値を超えた最大値（通常，定常値に対する割合（%）で表される）
整定時間	T_s	ステップ応答が定常値の ±5 %（あるいは ±2 %）の範囲に落ち着くまでに要する時間

11.2 s 領域における過渡特性の評価

式 (11.3) より,過渡応答の振る舞いは特性根 s_i の複素平面上の配置に依存することがわかった.そこで,本節では,s 平面上における閉ループ伝達関数の極(特性根)および零点の配置と過渡特性との関係について調べる.

11.2.1 極の配置と過渡特性の関係

虚軸に近い,負の実部の絶対値が小さい特性根に対応する項,すなわち減衰の遅いモードが,ステップ応答波形(過渡特性)に大きな影響を与える.逆に,虚軸から離れた,負の実部の絶対値が大きい特性根に対応する項,すなわち減衰の速いモードは,応答波形にほとんど影響しない.たとえば,$s_1 = -1$, $s_2 = -100$ の二つの特性根からなる2次系を考える(図11.3).これらに対応するモードは e^{-t} と e^{-100t} であるが,後者のほうが前者より,$t \to \infty$ のときより速く 0 に向かう.ここで,簡単のため,$\alpha_1 = \alpha_2 = 1$ とおいた.したがって,閉ループシステムの過渡応答は減衰の遅いモードに大きく影響を受ける.このとき,減衰の遅いモードに対応した特性根を**代表特性根**あるいは**代表極**(dominant pole)といい,それらによって,過渡応答を近似的に表現することができる.

図11.4に特性根の配置とインパルス応答波形の関係を示す.図では虚部が正の部分のみを表示した.この図より,次のようなことがわかる.

(1) 左半平面に極が存在する場合:安定

(a), (b), (c) は,安定なシステムの例である.(a) は $s = -10$ に,(b) は $s = -1$ に実極を持つ1次系である.(a) と (b) を比較すると,(a) のほうがより速く 0 に収束している.このように,原点から離れた実極のほうが時定数が小さく,

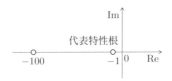

図11.3 代表特性根(原点に近い極のほうが応答への影響力が大きい)

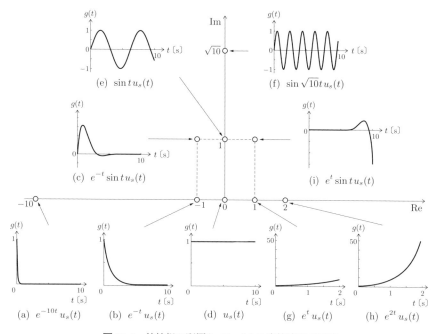

図11.4 特性根の配置とインパルス応答波形の関係

減衰の速いモードである．(c) は $s = -1 \pm j$ に複素共役極を持つ2次系であり，その伝達関数は

$$G(s) = \frac{1}{s^2 + 2s + 2}$$

である．この場合は，インパルス応答は振動しながら 0 に収束する．

(2) 虚軸上に極が存在する場合：安定限界

(d), (e), (f) は，虚軸上に極を持つ安定限界のシステムの例である．(d) は原点に一つの極を持つ積分系のシステムで，そのインパルス応答はステップ信号になる．(e) と (f) は虚軸上に純虚数の複素共役極を持つ2次系で，その伝達関数は

$$G(s) = \frac{\omega}{s^2 + \omega^2}$$

で与えられる．ただし，(e) は $\omega = 1$ であり，(f) は $\omega = \sqrt{10}$ である．これらの場合には，そのインパルス応答は，周波数 ω の正弦波になる．図より，原

184　第11章　制御系の過渡特性

点からの距離が正弦波の周波数に対応するので，原点から遠い極を持つ場合の
ほうが正弦波の周波数は高くなる．

(3) 右半平面に極が存在する場合：不安定

(g), (h), (i) は，右半平面に不安定極を持つ不安定システムの例である．(g) は
$s = 1$ に，(h) は $s = 2$ に実極を持つ1次系である．$t \to \infty$ のとき，それらの
インパルス応答は発散している．(g) と (h) を比較すると，(h) のほうがより速
く無限大に発散していることがわかる．このように，原点より遠い不安定極の
ほうが発散の速度は速く，制御しにくい．(i) は $s = 1 \pm j$ に複素共役極を持
つ2次系である．その伝達関数は，

$$G(s) = \frac{1}{s^2 - 2s + 2}$$

である．この場合，インパルス応答は振動しながら発散する．

　一般に，閉ループ伝達関数 $W(s)$ は高次であるが，特性代表根として1対の複素共
役根を選んで2次系で近似することがある．あるいは，一つの実根と1対の複素共役
根を選んで3次系で近似することもある．すると，近似的にではあるが，ステップ応
答の特性値を計算できる．このように，高次系をたとえば低次の2次系で近似し，過
渡特性などを解析することを**代表根法**という．

　そこで，$W(s)$ が次の2次遅れ系で近似できる場合を考えよう．

$$W(s) = \frac{\omega_n^2}{s^2 + 2\zeta\omega_n s + \omega_n^2} = \frac{s_1 s_2}{(s - s_1)(s - s_2)} \tag{11.4}$$

これは，代表根として

$$s_1, s_2 = -\alpha \pm j\beta, \quad \alpha, \beta > 0$$

を選んだ場合に相当する．特性根の実部 α と虚部 β を用いて式 (11.4) を書き直
すと，

$$W(s) = \frac{\alpha^2 + \beta^2}{s^2 + 2\alpha s + (\alpha^2 + \beta^2)} \tag{11.5}$$

となる．式 (11.4) と式 (11.5) の係数比較を行うことにより，図11.5に示す記号を用
いると，

$$\omega_n = \sqrt{\alpha^2 + \beta^2}$$

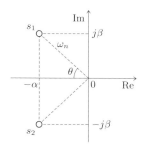

図 11.5　2次遅れ系の特性根 s_1, s_2 の配置

$$\zeta = \frac{\alpha}{\sqrt{\alpha^2 + \beta^2}} = \frac{\alpha}{\omega_n} = \cos\theta$$

を得る.

このように, $W(s)$ が2次遅れ系の場合には, 図11.2に示したステップ応答の特性値として表11.2に示す値を用いることができる. 表11.2において, T_r と T_d の計算式は近似式であるが, T_p と O_s は厳密に計算することができる. また, ステップ応答の振動成分の包絡線より, 5% 整定時間 T_s は

$$e^{-\zeta\omega_n T_s} = 0.05 \quad \longrightarrow \quad T_s = \frac{\ln 20}{\zeta\omega_n} \approx \frac{3}{\zeta\omega_n} \tag{11.6}$$

となる. このように, 整定時間は減衰性の指標である ζ と, 速応性の指標と考えられる ω_n の両者に関係している. ここで, 2次遅れ系の時定数 (T_c とおく) を, ス

表 11.2　ステップ応答の特性値 (2次遅れ系の場合)

	特性値	計算式
(1)	立ち上がり時間	$T_r \approx \dfrac{2.16\zeta + 0.6}{\omega_n}$ $(0.3 \leq \zeta \leq 0.8)$
(2)	遅れ時間	$T_d \approx \dfrac{0.7\zeta + 1}{\omega_n}$
(3)	行き過ぎ時間	$T_p = \dfrac{\pi}{\omega_n\sqrt{1-\zeta^2}}$
(4)	最大行き過ぎ量	$O_s = e^{-\pi\zeta/\sqrt{1-\zeta^2}}$ $O_s \approx 1 - \dfrac{\zeta}{0.6}$ $(0 < \zeta < 0.6)$
(5)	5% 整定時間	$T_s = \dfrac{3}{\zeta\omega_n}$

テップ応答の包絡線が最終値の 63.2 % に達する時間と定義すると，

$$T_c = \frac{1}{\zeta\omega_n} \tag{11.7}$$

となり，近似的に次式が成り立つ．

$$T_s \approx 3T_c \tag{11.8}$$

これより，整定時間は時定数の約3倍であることがわかる．

次に，伝達関数

$$W(s) = \frac{p}{(s+p)(s^2+s+1)} \tag{11.9}$$

で記述される3次系のステップ応答について見ていこう．実極の配置を $p = 0.5, 1, 2, 10$ と変化させて，ステップ応答を計算したものを図11.6に示す．図より，実極 (p) の絶対値が大きくなると，すなわち，虚軸から離れていくと，速応性は向上するが，減衰性は劣化する．さらに，p を大きくすると，ステップ応答は2次系

$$W(s) = \frac{1}{s^2+s+1}$$

のそれに近づいていく．

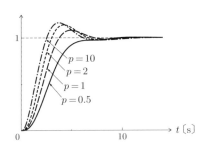

図11.6　3次系のステップ応答（実極の影響）

11.2.2　零点の配置と過渡特性の関係

閉ループシステムの零点のステップ応答への影響を調べよう．図11.7にゲイン特性が等しい二つの伝達関数

$$W_1(s) = \frac{s+1}{s^2+s+1}, \qquad W_2(s) = \frac{-s+1}{s^2+s+1} \tag{11.10}$$

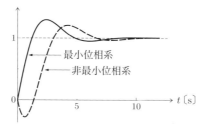

図11.7 2次系のステップ応答に対する零点の影響

のステップ応答波形を示す.ここで,$W_1(s)$ は左半平面に安定な零点を持つ**最小位相系**であり,$W_2(s)$ は右半平面に不安定な零点を持つ**非最小位相系**である.図より,$W_2(s)$ では,応答の開始直後に最終値とは逆の方向に向かっている.これは**逆応答**と呼ばれ,非最小位相系に特有な現象である.

次に,零点がある3次系

$$W(s) = \frac{s+z}{z(s+1)(s^2+s+1)} \tag{11.11}$$

のステップ応答について見ていこう.零点の配置 $z = 0.4, 0.6, 0.8, 1$ を変化させて,ステップ応答を計算したものを図11.8に示す.図より,実数の零点(z)が実数極($p=1$)から離れていくと,最大行き過ぎ量が大きくなる.逆に,z が $p=1$ に近づいていくと,零点の影響がステップ応答に現れなくなる.このように非常に接近した位置に存在する極と零点の組を,**ダイポール**(dipole)という.そして,$z=1$ になると,ステップ応答は2次系

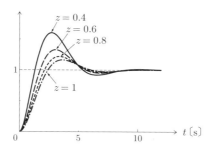

図11.8 3次系のステップ応答に対する零点の影響

$$W(s) = \frac{1}{s^2 + s + 1}$$

のそれに近づいていく．

11.3　周波数領域における過渡特性の評価

図11.1のフィードバック制御系の閉ループ伝達関数 $W(s)$ の典型的なゲイン特性 $|W(j\omega)|$ を図11.9に示す．簡単のため，定常ゲインを1とした．図より，閉ループシステムは一般に低域通過特性を持つ．これよりPoint 11.2を得る．

❖ Point 11.2 ❖　フィードバック制御系の設計

　フィードバック制御系の設計とは，一種の低域通過フィルタの設計である．

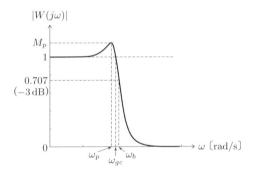

図11.9　閉ループ伝達関数のゲイン特性

閉ループシステムの過渡特性を周波数領域において定量化する代表的な項目を，表11.3に定義する．

表11.3の中で，**バンド幅**（あるいは帯域幅）ω_b と**ピークゲイン** M_p が特に重要である．そこで，まず制御系のバンド幅の意味について図11.10を用いて考えよう．バンド幅 ω_b とは，$W(s)$ を低域通過フィルタと見なしたとき，制御系の出力 $y(t)$ が周波数 ω_b までの入力，すなわち目標値に追従できることを意味している．したがって，ω_b を大きくすると，制御系はより高い周波数の目標値に追従できる．言い換えると，目標値の速い変化に追従できるようになる．したがって，前述のステップ応

表11.3 閉ループ伝達関数の周波数領域における特性値

特性値	記号	定 義
バンド幅（帯域幅）	ω_b	閉ループゲイン $\|W(j\omega)\|$ が定常ゲイン $\|W(j0)\|$ の $1/\sqrt{2}$ 倍（すなわち 3 dB 低下）になる周波数
ゲインクロスオーバー周波数	ω_{gc}	閉ループゲイン $\|W(j\omega)\|$ が定常ゲイン $\|W(j0)\|$ と等しくなる周波数
共振周波数（ピーク周波数）	ω_p	閉ループゲイン $\|W(j\omega)\|$ が最大値をとる周波数
ピークゲイン（M ピーク値）	M_p	閉ループゲイン $\|W(j\omega)\|$ の最大値

図11.10 閉ループシステムの入出力関係

答の立ち上がり時間は小さくなり，制御系の速応性が向上する．周波数領域におけるバンド幅 ω_b と時間領域における立ち上がり時間 T_r の間の厳密な関係式を導出することは困難であるが，近似的に

$$T_r \propto \frac{1}{\omega_b} \tag{11.12}$$

が成り立つので，バンド幅を速応性の評価に利用することができる．

さらに，$W(s)$ が理想的な低域通過フィルタ[1]であると仮定すると，関係式

$$T_r = \frac{\pi}{\omega_b}, \qquad T_d = \frac{\phi_b}{\omega_b} \tag{11.13}$$

が成り立つ．ただし，$\phi_b = \angle W(j\omega_b)$ である．これらの式は，周波数領域と時間領域の過渡応答特性値の関係を与えている．以上の結果を次にまとめる．

---

[1] 理想的な低域通過フィルタとは，

$$|W(j\omega)| = \begin{cases} 1, & \omega \leq \omega_b \\ 0, & \omega > \omega_b \end{cases}$$

が成り立つフィルタのことである．ただし，このフィルタを物理的に実現することはできない．

190　第11章　制御系の過渡特性

✤ Point 11.3 ✤　フィードバック制御系の速応性

　フィードバック制御系のバンド幅と立ち上がり時間, 遅れ時間の間には, 次の関係が定性的に成り立つ.

$$\omega_b \to 大 \quad \Longleftrightarrow \quad T_r \to 小, \quad T_d \to 小 \tag{11.14}$$

したがって, 制御系のバンド幅は速応性の指標である.

　また, バンド幅は次式で近似できる.

$$\omega_b = (-1.1961\zeta + 1.8508)\omega_n \tag{11.15}$$

　第8章で述べたように, 理想的には, $\omega_b \to \infty$, すなわち

$$|W(j\omega)| = 1, \quad \forall\omega \tag{11.16}$$

のように $W(s)$ が全域通過関数であれば, どのような $r(t)$ に対しても $y(t)$ は追従できる. 式 (11.16) が成り立つ最も単純な場合は, $W(s) = 1$ である. しかしながら, 式 (11.16) を達成することは現実には不可能なので, 制御系設計の立場では, ω_b をどれだけ大きくできるか, すなわち制御系の**広帯域化**が重要なポイントになる.

　周波数伝達関数がある周波数で最大値をとる現象を**共振**という. このとき, 閉ループゲイン $|W(j\omega)|$ の最大値を**ピークゲイン** (M ピーク値) といい, M_p で表す. また, このときの周波数を**共振周波数**あるいは**ピーク周波数**といい, ω_p で表す. 特に, $W(s)$ が式 (11.4) の2次遅れ系の場合, 前述したように, 次式が成り立つ.

$$M_p = \begin{cases} \dfrac{1}{2\zeta\sqrt{1-\zeta^2}}, & \zeta \le 0.707 \\ 1, & \zeta > 0.707 \end{cases} \tag{11.17}$$

$$\omega_p = \begin{cases} \omega_n\sqrt{1-2\zeta^2}, & \zeta \le 0.707 \\ 0, & \zeta > 0.707 \end{cases} \tag{11.18}$$

図 11.11 に, ζ と M_p, そして ζ と ω_p/ω_n の関係を図示する.

　以上より, M_p を減衰性の指標, ω_p を速応性の指標として利用できる. 最後に, ピークゲイン M_p は閉ループ伝達関数の $\mathcal{H}_\infty$ ノルムであることに注意しよう.

11.3 周波数領域における過渡特性の評価   191

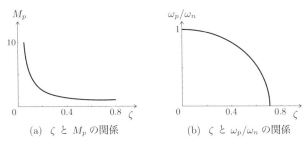

(a) ζ と M_p の関係   (b) ζ と ω_p/ω_n の関係

図 11.11 減衰比 ζ と $M_p, \omega_p/\omega_n$ の関係

例題 11.1

MATLAB 図 11.1 において，

$$L(s) = \frac{1}{s(s+1)}$$

のとき，次の問いに答えなさい．

(1) 閉ループ伝達関数 $W(s)$ を計算し，ω_n と ζ を求めなさい．
(2) この閉ループシステムのステップ応答を図示しなさい．そして，T_r, T_d, T_s, O_s, T_p の計算値と，ステップ応答波形から読み取ったそれらの値とを比較しなさい．
(3) 閉ループ伝達関数 $W(s)$ のゲイン線図を描きなさい．そして，ω_b, M_p, ω_p の計算値と，ゲイン線図から読み取ったそれらの値とを比較しなさい．
(4) この制御系へ目標値として $r_1(t) = \sin 0.1t$ を入力した場合と，$r_2(t) = \sin 10t$ を入力した場合の制御量を図示し，その結果について考察しなさい．

解答

(1) $W(s) = \dfrac{L(s)}{1+L(s)} = \dfrac{1}{s^2+s+1}$ であるので，$\omega_n = 1$，$\zeta = 0.5$ である．

(2) 図 11.12 にステップ応答波形を示す．計算式より $T_r = 1.68$，$T_d = 1.35$，$T_p = 3.627$，$O_s = 0.163$，$T_s = 6$ が得られる．一方，図面からは $T_r = 1.64$，$T_d = 1.29$，$T_p = 3.63$，$O_s = 0.163$，$T_s = 5.28$ が得られ，両者はほぼ一致している．

(3) 図 11.13 にゲイン線図を示す（縦軸は線形スケールとした）．計算式より $\omega_b =$

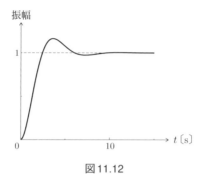

図 11.12

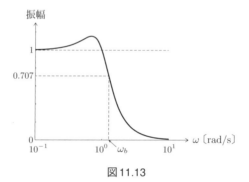

図 11.13

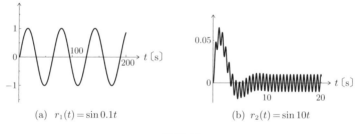

図 11.14

1.253, $M_p = 1.155$, $\omega_p = 0.707$ が得られる．一方，図 11.13 からは $\omega_b = 1.277$, $M_p = 1.155$, $\omega_p = 0.707$ が得られ，両者はほぼ一致している．

(4) 図 11.14 にそれぞれの正弦波入力に対する時間応答を示す．図より，$\omega = 0.1$ rad/s の目標値に対しては，出力波形も同じ振幅の波形になるが，$\omega = 10$ rad/s の目標値に対しては，出力波形の振幅は非常に小さくなり，追従できていな

い．これらの図より，バンド幅 $\omega_b = 1.25$ rad/s より高い周波数の目標値には追従できないことが確認できる． ■

11.4 根軌跡

これまで述べてきたように，フィードバック制御系の安定性や過渡特性は，閉ループ伝達関数の極，すなわち特性根の配置に依存する．一巡伝達関数に含まれる一つのパラメータを変化させたときの特性根の軌跡を**根軌跡**（root locus）という．

直結フィードバック制御系において，特性方程式は，

$$1 + L(s) = 0 \tag{11.19}$$

となる．式 (11.19) を解くことにより特性根を求めることができるが，これは一般に高次代数方程式式であるため，容易には解けない．

根軌跡とは，一巡伝達関数 $L(s)$ に含まれるパラメータの一つ（通常はゲイン K）を 0 から ∞ まで変化させたとき，s 平面上に描かれる特性根の軌跡のことをいう．根軌跡を用いることによって，あるパラメータを変化させたとき，制御系の安定性や過渡特性がどのような影響を受けるかを調べることができる．ラウスの安定判別法が式 (11.19) を解かずに安定性を調べる方法であったように，式 (11.19) を解かずに根軌跡を描く方法が根軌跡法である．

まず，例題を通して根軌跡について理解しよう．

例題11.2

一巡伝達関数が

$$L(s) = \frac{K}{s(s+1)}, \quad K > 0 \tag{11.20}$$

で与えられるとし，ゲイン K を 0 から ∞ まで変化させたときの根軌跡を描きなさい．

解答 特性方程式は，

$$s^2 + s + K = 0$$

となる．これは2次方程式なので，特性根を容易に計算することができ，

$$s_1, s_2 = -0.5 \pm 0.5\sqrt{1-4K} \tag{11.21}$$

が得られる．この場合の根軌跡とは，ゲイン K を 0 から ∞ まで変化させたとき，式 (11.21) で与えられる特性根の軌跡のことである．

$K = 0$ のとき，特性根は $s_1 = 0$, $s_2 = -1$ に存在し，$0 < K < 0.25$ のときには，負の実軸上に2実根が位置し，$K = 0.25$ になると -0.5 に2重根として存在する．さらに，$K > 0.25$ になると，式 (11.21) は，

$$s_1, s_2 = -0.5 \pm j0.5\sqrt{4K-1}$$

となり，実部は常に -0.5 であるが，K が増加するにつれて虚部の大きさが増大していく．以上より，根軌跡は図 11.15 のようになる． ∎

図 11.15 より，さまざまなゲイン K の値に対する特性根の配置が明らかになる．たとえば $K \to \infty$ としても，閉ループ系は安定である．また，K の大きさと過渡特性の関係も理解できる．この例題は2次系であったため，あらかじめ特性根を計算した後に根軌跡を描くことができたが，一般にはこの作業は手計算では困難である．

根軌跡が提案されたのは，計算機が発達していない 1948 年であった．現在では MATLAB のようなソフトウェアを用いて正確な根軌跡を作図できる．根軌跡の考

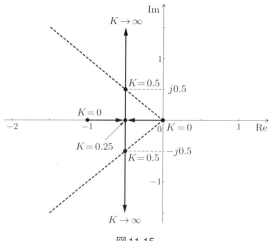

図 11.15

え方や基本的な性質を理解することは大切だが，高次系の場合の根軌跡の作図には計算機を用いるのがよいだろう．

例題 11.3

MATLAB 一巡伝達関数が

$$L(s) = \frac{K}{s(s+1)(s+2)}$$

であるフィードバック制御系の根軌跡を描き，その結果について考察しなさい．

解答 MATLAB を用いて描いた根軌跡を図 11.16 に示す．この場合の特性方程式は

$$s^3 + 3s^2 + 2s + K = 0$$

なので，これに対してラウス表を作ると，

s^3	1	2
s^2	3	K
s^1	$\dfrac{6-K}{3}$	
s^0	K	

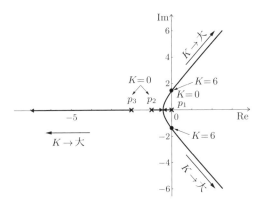

図 11.16

196   第11章　制御系の過渡特性

となる．これより，$0 < K \leq 6$ のとき，フィードバックシステムは安定になる．そして，$K = 6$ のとき，このシステムは安定限界となり，根軌跡は虚軸と交わる．　■

　最後に，時間領域，s 領域，そして周波数領域におけるフィードバック制御系の過渡特性の特性値を表11.4にまとめる．

表11.4　過渡特性の特性値

	時間領域	s 領域	周波数領域
速応性	$T_r,\, T_d$	ω_n	$\omega_b,\, \omega_p$
減衰性	P.O.	ζ	M_p

本章のポイント

▼ 時間領域，s 領域，周波数領域におけるフィードバック制御系の過渡特性を表す特性値について理解すること．

▼ 根軌跡の考え方を理解すること．

Control Quiz

11.1　式 (11.6) で2次系の 5 % 整定時間の計算式を与えた．それをもとにして，2次系の 2 % 整定時間の計算式を求めなさい．

11.2　**MATLAB**　一巡伝達関数が次のように与えられる制御系の根軌跡を描きなさい．

(1)　$\dfrac{K}{s(s+2)(s+4)}$　　　(2)　$\dfrac{K(s+1)}{s^2(s+3)}$

11.3　**MATLAB**　一巡伝達関数が次のように与えられる制御系の根軌跡を描き，安定性の観点から両者を比較しなさい．

(1)　$L_1(s) = \dfrac{K}{(s+2)(s+5)}$　　　(2)　$L_2(s) = \dfrac{K}{(s+1)(s+2)(s+5)}$

第12章 制御系の定常特性

前章で述べた制御系の過渡特性に続いて，本章では制御系の定常特性について調べよう．まず，定常偏差を定義する．次に，目標値に対する定常特性と外乱に対する定常特性を調べる．さらに，定常偏差を0にするための内部モデル原理を与える．

12.1 定常偏差

図12.1に示すフィードバック制御系を考える．図において，出力 $y(s)$ は

$$y(s) = \frac{P(s)C(s)}{1+P(s)C(s)}r(s) + \frac{P(s)}{1+P(s)C(s)}d(s) \tag{12.1}$$

で与えられる．すなわち，出力は目標値 $r(s)$ と外乱 $d(s)$ の二つの量から影響を受け，それぞれが出力に影響する伝達関数は異なっている．次に，偏差を

$$e(s) = r(s) - y(s) \tag{12.2}$$

と定義し，式(12.1)を利用すると，

$$e(s) = \frac{1}{1+P(s)C(s)}r(s) - \frac{P(s)}{1+P(s)C(s)}d(s) \tag{12.3}$$

が導かれる．このとき，定常偏差は，時間応答を計算することなく，ラプラス変換の

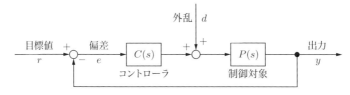

図12.1 フィードバック制御系

最終値の定理より

$$\lim_{t \to \infty} e(t) = \lim_{s \to 0} se(s) \tag{12.4}$$

のように計算できる．

　本書は線形システムを対象としているため，重ね合わせの理が成り立ち，したがって，定常偏差に対する目標値と外乱の影響は独立に取り扱うことができる．以下ではそれぞれについて検討する．

12.2　目標値に対する定常特性の評価

　まず，図12.1において，外乱 d は存在しないものとして，目標値 r に対する定常偏差について考える．すると，図12.2が得られる．図において一巡伝達関数を $L(s) = P(s)C(s)$ とおいた．このとき，式 (12.3) は

$$e(s) = S(s)r(s) \tag{12.5}$$

となる．ただし，$S(s)$ は

$$S(s) = \frac{1}{1 + L(s)} \tag{12.6}$$

で与えられ，**感度関数**（sensitivity function）と呼ばれる．

　いま，図12.2において，r から y までの閉ループ伝達関数は，

$$T(s) = \frac{L(s)}{1 + L(s)} \tag{12.7}$$

であり，これは**相補感度関数**（complementary sensitivity function）とも呼ばれる[1]．

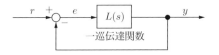

図12.2　フィードバック制御系（目標値のみ）

---

[1]. これまで閉ループ伝達関数は $W(s)$ と書いてきたが，ここでは相補感度関数の記号として用いられることが多い $T(s)$ を使った．

なぜならば，すべての s に対して，

$$S(s) + T(s) \equiv 1 \tag{12.8}$$

が成り立つからである．ここで，相補とは集合の補集合（complementary set）と同じ意味である（すなわち，相手を補って全体（ここでは 1）になる）ことに注意しよう．さらに，制御対象 $P(s)$ が $\Delta P(s)$ だけ変動したとき，相補感度関数（閉ループ伝達関数）$T(s)$ もそれに伴って $\Delta T(s)$ だけ変動したとする．このとき，次式が成り立つ．

$$\lim_{\Delta P(s) \to 0} \frac{\Delta T(s)/T(s)}{\Delta P(s)/P(s)} = \frac{\mathrm{d}T(s)}{\mathrm{d}P(s)} \frac{P(s)}{T(s)} = S(s) \tag{12.9}$$

このように，$S(s)$ は制御対象 $P(s)$ の微小な変動に対する閉ループ伝達関数 $T(s)$ の感度となっているので，感度関数と呼ばれる．

式 (12.5) より，すべての周波数 ω に対して $|S(j\omega)| = 0$ であれば，どのような目標値 $r(t)$ に対しても偏差 $e(t)$ は 0 となる．しかしながら，すべての周波数 ω に対して閉ループ伝達関数 $|W(j\omega)|$，すなわち $|T(j\omega)|$ を 1 にできなかったことと同様に，これを達成することはできない．したがって，目標値が存在する周波数帯域において $|S(j\omega)|$ を小さく，あるいは 0 にすることを考えることになる．これは低感度化と呼ばれる．

また，式 (12.8) より，ある周波数 ω において，$|S(j\omega)|$ と $|T(j\omega)|$ を同時に小さくすることはできないことに注意する．このような問題に対して，制御系設計ではトレードオフ（tradeoff）を図っていくことになる．トレードオフにどのように対処するかは，制御系設計問題の非常に重要な課題である．以上はロバスト制御理論の基礎として重要な事実であるが，本書の範囲を超えてしまうので，これ以上の議論は行わない．

さて，式 (12.4) から，定常偏差は次式より計算できる．

$$\lim_{t \to \infty} e(t) = \lim_{s \to 0} se(s) = \lim_{s \to 0} s \frac{1}{1 + L(s)} r(s) \tag{12.10}$$

これより，定常偏差は目標値 $r(t)$ の種類と一巡伝達関数 $L(s)$ に依存することがわかる．

200   第12章　制御系の定常特性

第4章で述べたように，伝達関数の標準形は，ゲイン要素，1次要素，そして2次要素より構成されるので，$L(s)$ を次式のように記述する[2]．

$$L(s) = \frac{K \prod_k (1 + T'_k s) \prod_l \left\{ 1 + 2\zeta'_l \frac{s}{\omega'_l} + \left(\frac{s}{\omega'_l} \right)^2 \right\}}{s^p \prod_i (1 + T_i s) \prod_j \left\{ 1 + 2\zeta_j \frac{s}{\omega_j} + \left(\frac{s}{\omega_j} \right)^2 \right\}} \tag{12.11}$$

このとき，Point 12.1 を得る．

✦ Point 12.1 ✦　制御系の型

　一巡伝達関数 $L(s)$ に含まれる積分要素の数 p によって制御系を分類することができ，$p = 0$ のとき**0型の制御系**（type 0 system），$p = 1$ のとき**1型の制御系**（type 1 system），そして $p = 2$ のとき**2型の制御系**（type 2 system）という．言い換えると，1型の制御系では対応する感度関数 $S(s)$ は原点 $s = 0$ に一つの零点を，また，2型の制御系では $S(s)$ は原点 $s = 0$ に二つの零点を有している．0型のシステムを**定位系**といい，1型以上のシステムを**無定位系**と呼ぶこともある．

　以下では，目標値として単位ステップ信号，ランプ信号，加速度信号の3種類について考え，それらに対する定常偏差を求める．

(a) 目標値が単位ステップ信号の場合

　単位ステップ信号 $r(t) = u_s(t)$ に対する定常偏差を**定常位置偏差**（steady-state position error）という．このとき $r(s) = 1/s$ なので，式 (12.10)，(12.11) より，

$$\varepsilon_p = \lim_{s \to 0} s \frac{1}{1 + L(s)} \frac{1}{s} = \lim_{s \to 0} \frac{1}{1 + L(s)} = \lim_{s \to 0} \frac{1}{1 + \frac{K}{s^p}} \tag{12.12}$$

となる．これより，$p = 0$ のとき，

$$\varepsilon_p = \frac{1}{1 + K} \tag{12.13}$$

---

[2]. 1次，2次要素の s^0 の係数を 1 に正規化していることに注意しよう．

となり，偏差 ε_p を持つ（図 12.3 (a) に $p=0$ の場合を示す）．このとき，ゲイン K を大きくすれば ε_p をいくらでも小さくすることができるが，一般にその代償として安定性が損なわれる．一方，$p \geq 1$ のときには $\varepsilon_p = 0$ となり，定常位置偏差は生じない．すなわち，制御系が 1 型，2 型の場合には，定常位置偏差は 0 となる．このようなシステムを**サーボ系**（servo system）という．

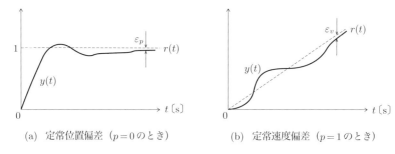

(a) 定常位置偏差（$p=0$ のとき）　　(b) 定常速度偏差（$p=1$ のとき）

図 12.3　定常偏差

(b) 目標値が単位ランプ信号の場合

単位ランプ信号 $r(t) = tu_s(t)$ に対する定常偏差を**定常速度偏差**（steady-state velocity error）という．このとき，$r(s) = 1/s^2$ なので，

$$\varepsilon_v = \lim_{s \to 0} s \frac{1}{1+L(s)} \frac{1}{s^2} = \lim_{s \to 0} \frac{1}{1+L(s)} \frac{1}{s} = \lim_{s \to 0} \frac{1}{s + \dfrac{K}{s^{p-1}}} \tag{12.14}$$

となる．これより，$p=0$ のとき $\varepsilon_v = \infty$，$p=1$ のとき $\varepsilon_v = 1/K$ となり（図 12.3 (b) に $p=1$ の場合を示す），いずれの場合も定常速度偏差を生じる．一方，$p \geq 2$ のときには $\varepsilon_v = 0$ となり，定常速度偏差を生じない．

(c) 目標値が加速度信号の場合

加速度信号 $0.5t^2 u_s(t)$ に対する定常偏差を**定常加速度偏差**（steady-state acceleration error）という．このとき，$r(s) = 1/s^3$ なので，

$$\varepsilon_a = \lim_{s \to 0} s \frac{1}{1+L(s)} \frac{1}{s^3} = \lim_{s \to 0} \frac{1}{1+L(s)} \frac{1}{s^2} = \lim_{s \to 0} \frac{1}{s^2 + \dfrac{K}{s^{p-2}}} \tag{12.15}$$

となる．これより，$p=0, 1$ のとき $\varepsilon_a = \infty$，$p=2$ のとき $\varepsilon_a = 1/K$ となり，いずれの場合も定常加速度偏差を生じる．一方，$p \geq 3$ のときには $\varepsilon_a = 0$ となり，定常加速度偏差は生じないが，安定性の観点から，積分器が3個存在する場合それだけで位相が 270° 遅れてしまうため，望ましくない．

以上に述べたことを，表12.1にまとめる．

表12.1 制御系の型と定常偏差

型	定常位置偏差（ε_p）	定常速度偏差（ε_v）	定常加速度偏差（ε_a）
0	$\dfrac{1}{1+K}$	∞	∞
1	0	$\dfrac{1}{K}$	∞
2	0	0	$\dfrac{1}{K}$

ここまでは，ステップ信号，ランプ信号，加速度信号の三つの目標値を考えた．それらはすべて $s=0$，すなわち $\omega=0$ に極（それぞれ単根，重根，3重根）を持っていた．これらの目標値に定常偏差なしで追従するためには，$\omega=0$ で一巡伝達関数が無限大のゲインを持つこと，言い換えると，$\omega=0$ で感度関数の値が 0 であることが必要である．また，すべての周波数帯域においてゲインが無限大である必要はなく，目標値が含む周波数帯域において無限大であればよいという点が重要である．

例題12.1

図12.4に示すフィードバック制御系が，安定で，かつ定常位置偏差が 0.1 以下になるようなゲイン K を求めなさい．

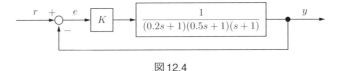

図12.4

12.2 目標値に対する定常特性の評価 203

解答 一巡伝達関数は,

$$L(s) = \frac{K}{(0.2s+1)(0.5s+1)(s+1)}$$

であるので,特性方程式は

$$s^3 + 8s^2 + 17s + 10(1+K) = 0$$

となる.これに対してラウス表を作成すると,以下のようになる.

s^3	1	17
s^2	8	$10(1+K)$
s^1	$\dfrac{17 \times 8 - 10(1+K)}{8}$	
s^0	$10(1+K)$	

第1列がすべて正になるというラウスの安定条件より,

$$-1 < K < 12.6$$

を得る.次に,定常位置偏差に対する条件

$$\varepsilon_p = \lim_{s \to 0} \frac{1}{1+L(s)} = \frac{1}{1+K} \le 0.1$$

より,$K \ge 9$ を得る.以上より

$$9 \le K < 12.6$$

が得られる. ■

例題12.1より,定常位置偏差を小さくするためには,ゲイン K をある値以上大きくしなくてはならないが,逆に,K を大きくしすぎると,不安定になってしまうことがわかる.図12.5にこの制御系の根軌跡を示す.図より,K を増加させると,右半平面に閉ループ極が飛び出していくことがわかる.たとえば,定常位置偏差が 0.01 以下という設計仕様を与えると,$K \ge 99$ としなければならず,このような設計仕様を満足する制御系は,ゲイン調整による比例制御のみでは達成できない.

この例題では,次の事実が成り立っている.

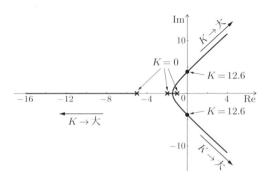

図 12.5 根軌跡

❖ Point 12.2 ❖ ゲイン K の調整

(1) $K \to$ 小：安定性向上

(2) $K \to$ 大：定常位置偏差減少（定常特性向上）

(3) $K \to$ 大：速応性向上（過渡特性向上）

これは前述したトレードオフの典型的な例である．制御系設計では，相反する要求のトレードオフをいかに図るかがポイントになる．

12.3 外乱に対する定常特性の評価

本節では，図 12.1 のフィードバック制御系において $r=0$ とおくことにより，外乱 d に対する定常偏差を考える．式 (12.3) において $r=0$ とおくと，

$$e(s) = -\frac{P(s)}{1+L(s)}d(s) \tag{12.16}$$

となるので，外乱による定常偏差 ε_d は，

$$\varepsilon_d = \lim_{t\to\infty}|e(t)| = \lim_{s\to 0}|se(s)| = \lim_{s\to 0}\left|s\frac{-P(s)}{1+L(s)}d(s)\right| \tag{12.17}$$

となる[3]．したがって，目標値の場合と同様に，ε_d は外乱の種類ならびに $P(s)$ と

---

[3]. 定常偏差は大きさで評価するので，式 (12.17) では絶対値をとった．

$C(s)$ に依存し，前節と同様の手順で ε_d を計算することができる．しかし，目標値の場合と異なる点は，外乱の場合，外乱が加わる位置にも ε_d が依存することである．そこで，例題を通して ε_d の計算法を見ていこう．

例題 12.2

図 12.6 のフィードバック制御系について，次の問いに答えなさい．

(1) $d_2(s) = 0$ のとき，$d_1(s)$ から $e(s)$ までの伝達関数を求めなさい．

(2) $d_1(s) = 0$ のとき，$d_2(s)$ から $e(s)$ までの伝達関数を求めなさい．

(3) $P(s), C(s)$ をそれぞれ

$$P(s) = \frac{K_p}{T_p s + 1}, \qquad C(s) = \frac{K_c}{T_c s + 1}$$

とする．A 点，B 点にそれぞれ単位ステップ外乱が加わったときの定常偏差を求めなさい．

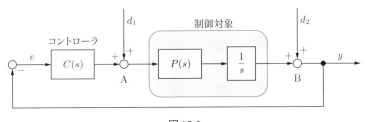

図 12.6

解答

(1) $\dfrac{e(s)}{d_1(s)} = \dfrac{-P(s)}{s + P(s)C(s)}$ (2) $\dfrac{e(s)}{d_2(s)} = \dfrac{-s}{s + P(s)C(s)}$

(3) まず，A 点について計算する．

$$e_a(s) = \frac{-\dfrac{K_p}{T_p s + 1}}{s + \dfrac{K_p}{T_p s + 1} \dfrac{K_c}{T_c s + 1}} d_1(s)$$

$$= \frac{-(T_c s + 1) K_p}{T_c T_p s^3 + (T_c + T_p) s^2 + s + K_c K_p} d_1(s)$$

206　第12章　制御系の定常特性

これより，単位ステップ外乱に対する定常偏差は，次のようになる．

$$|\varepsilon_d^{(a)}| = \lim_{s \to 0} |se_a(s)| = \lim_{s \to 0} \left| \frac{-(T_c s + 1)K_p}{T_c T_p s^3 + (T_c + T_p)s^2 + s + K_c K_p} \right| = \frac{1}{K_c}$$

したがって，A点では定常偏差が存在するので，外乱に対して0型の制御系になる．

次に，B点について計算する．

$$e_b(s) = \frac{-s}{s + \dfrac{K_p}{T_p s + 1} \dfrac{K_c}{T_c s + 1}} d_2(s)$$

$$= \frac{-s\{T_c T_p s^2 + (T_c + T_p)s + 1\}}{T_c T_p s^3 + (T_c + T_p)s^2 + s + K_c K_p} d_2(s)$$

より，単位ステップ外乱に対する定常偏差は，次のようになる．

$$|\varepsilon_d^{(b)}| = \lim_{s \to 0} |se_b(s)| = \lim_{s \to 0} \left| \frac{-s\{T_c T_p s^2 + (T_c + T_p)s + 1\}}{T_c T_p s^3 + (T_c + T_p)s^2 + s + K_c K_p} \right| = 0$$

よって，B点では定常偏差が0になるので，外乱に対して1型の制御系になる．

いま，図12.6のフィードバック制御系の一巡伝達関数は

$$L(s) = \frac{K_c K_p}{s(T_c s + 1)(T_p s + 1)}$$

なので，目標値に対しては1型の制御系であるが，外乱に対しては加わる位置によって0型あるいは1型となる．一般に，外乱の加わる位置が出力側に近づく，すなわち後段になるにつれて，外乱への対応能力は向上する． ∎

12.4　内部モデル原理

これまで，目標値あるいは外乱としてステップ信号やランプ信号などを考えてきたが，それ以外の信号に対して定常偏差を 0 とするための条件は，内部モデル原理により与えられる．ここでは，厳密な議論を行わず，例題を通して内部モデル原理を与えよう．

例題 12.3

図 12.7 において，

$$P(s) = \frac{2}{s+1}$$

とし，正弦波外乱 $d(t) = \sin t$ が加わるものとする．このとき，次の問いに答えなさい．

(1) $C_1(s) = 1$ のときの定常偏差を調べなさい．
(2) $C_2(s) = \dfrac{s(s+1)}{s^2+1}$ のときの定常偏差を求め，その結果について考察しなさい．

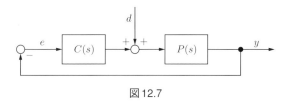

図 12.7

解答

(1) 偏差のラプラス変換は

$$e(s) = -\frac{P(s)}{1+L(s)}d(s) = -\frac{2}{(s+3)(s^2+1)} = -\frac{0.2}{s+3} - \frac{0.6}{s^2+1} + \frac{0.2s}{s^2+1}$$

と書ける．ここで，この $e(s)$ は虚軸上に極を持つため，最終値の定理を適用できない[4]ので，部分分数展開した．この式を逆ラプラス変換すると，

$$e(t) = \mathcal{L}^{-1}[e(s)] = -0.2e^{-3t} - 0.6\sin t + 0.2\cos t, \quad t \geq 0$$

となる．$t \to \infty$ のときの定常応答は，

$$\lim_{t\to\infty} e(t) = -0.6\sin t + 0.2\cos t = \sqrt{0.4}\sin\left(t - \arctan\left(\frac{1}{3}\right)\right)$$
$$= 0.6325\sin(t - 0.3218)$$

---

[4] 最終値の定理は，すべての極が左半平面に存在する場合にしか適用できない．この条件が満たされないと，対応する信号が発散あるいは振動して，最終値が存在しないからである．

208　第12章　制御系の定常特性

となる．このように，定常偏差は周波数 1 の正弦波になり，0 にはならない．
外乱が正弦波である場合には，外乱から偏差までの伝達関数において，その正
弦波の周波数におけるゲイン特性が 0 にならない限り，周波数応答の原理か
ら，偏差は必ず外乱正弦波と同じ周波数成分を持つ．

(2) このときは，

$$e(s) = -\frac{2}{s^3 + 3s^2 + 3s + 1} = -\frac{2}{(s+1)^3}$$

となる．ここで，分母多項式 $(s+1)^3$ は安定多項式なので，最終値の定理を
適用することにより，

$$\lim_{s \to 0} |se(s)| = \lim_{s \to 0} \left| -\frac{2s}{(s+1)^3} \right| = 0$$

となり，定常偏差は 0 となる．

　この場合には，補償器 $C_2(s)$ に正弦波外乱のラプラス変換の分母多項式で
ある $s^2 + 1$ が含まれていたので，正弦波外乱の影響を完全に除去できた．　■

ラプラス変換が $1/s$ であるステップ目標値に対して定常偏差を 0 にするためには，
一巡伝達関数，すなわち制御対象か補償器に積分要素（$1/s$）を一つ持つ必要があっ
たことを思い出すと，次の結果を得る．

❖ Point 12.3 ❖　内部モデル原理

　一巡伝達関数 $L(s) = P(s)C(s)$ に外乱信号のモデル（信号のラプラス変換の分
母多項式）を含ませることによって，定常偏差を 0 にすることができる．これを**内
部モデル原理**（internal model principle）という．

本章のポイント

▼ 目標値と外乱に対する定常偏差の計算法を習得すること．

▼ 制御系の型と定常偏差の関係について理解すること．

▼ 内部モデル原理の意味を理解すること．

Control Quiz

12.1 図 12.8 (a), (b) に示すフィードバック制御系を考える．目標値 r として単位ステップ信号，外乱 d として大きさが 0.2 のステップ信号を入力した場合の定常偏差（ε_r と ε_d とする）を，それぞれのシステムに対して求めなさい．

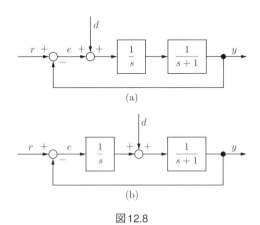

図 12.8

12.2 図 12.9 に示すフィードバック制御系について，次の問いに答えなさい．

(1) 偏差 e を目標値 r と外乱 d の関数として表しなさい．
(2) 目標値を 0 と仮定し，正弦波外乱 $d(t) = \sin t$ の影響のみについて考える．このとき，
　(a) $K = 99$ のとき，定常状態において出力 $y(t)$ を表す式を導きなさい．
　(b) $K = 0$ のとき，すなわちフィードバックが存在しないときと，$K = 99$ のときの正弦波外乱抑制性を比較しなさい．

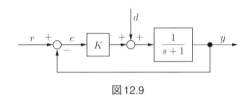

図 12.9

第13章 制御系設計仕様

　フィードバック制御系を設計するとき，その設計の目的，すなわち**制御系設計仕様**（specifications for control systems）を明確に記述する必要がある．たとえば，「応答の速い制御系を設計したい」といった定性的な言い方では，どのような制御系を設計すべきかわからない．そこで，このような表現ではなく，たとえば「立ち上がり時間が 0.1 秒以内で，オーバーシュートが 5 ％ 以内のフィードバック制御系を設計したい」というような定量的な表現をする必要がある．本章では，このような制御系設計仕様の定量的な表現をまとめていこう．

13.1　開ループ特性に対する設計仕様

　続く第14章で述べる古典制御では，開ループ特性である一巡伝達関数

$$L(s) = P(s)C(s) \tag{13.1}$$

のボード線図を用いて設計を行うことが多い．ここで，$P(s)$ は制御対象なので既知である．このとき，$L(s)$ の望ましいゲイン特性の形状を図13.1のように与える．し

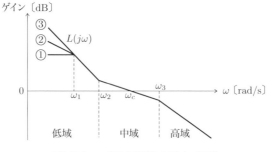

図 13.1　一巡伝達関数のゲイン特性

たがって，$L(s)$ のゲイン特性と $P(s)$ が既知であるという仮定のもとで，コントローラ $C(s)$ を試行錯誤的に調整することによって，フィードバック制御系を設計していくことになる．この設計法は，$|L(j\omega)|$ の形状を整形するので，**ループ整形**（loop shaping）による制御系設計と呼ばれる．

式 (13.1) より，

$$C(s) = \frac{L(s)}{P(s)}$$

として，コントローラ $C(s)$ が計算できそうに思えるが，$L(s)$ の位相特性を与えていないので，$C(s)$ は一意には定まらず，試行錯誤に頼らざるを得ない．

さて，図13.1のように，古典的な制御系設計では一巡伝達関数のゲイン特性を低域，中域，高域の三つの周波数帯域に分割して考える．それぞれの帯域の役目は以下のとおりである．

(1) **低域**：定常特性を受け持つ帯域である．第12章で述べたように，低域におけるゲインを増加させることにより，定常特性を改善できる．また，低域におけるゲインの傾きにより，前述したように制御系は以下の三つに分類できる．

  ① 0 dB/dec：0 型の制御系

  ② −20 dB/dec：1 型の制御系

  ③ −40 dB/dec：2 型の制御系

  目標値の種類に応じて，これらの制御系を使い分ける．

(2) **中域**：ゲイン特性が 0 dB と交差するゲインクロスオーバー周波数 ω_c 付近の帯域のことで，この帯域は安定性と過渡特性（すなわち速応性と減衰性）を受け持つ非常に重要な帯域である．ここで，次の点が重要である．

  ● **安定性**：安定性を確保するために，ω_c 付近ではゲインの傾きが −20 dB/dec となるようにする．なぜならば，ゲインの傾きが −40 dB/dec 以上あると，その周波数において位相が 180° 以上遅れてしまい，制御系が不安定になる可能性があるからである．

  ● **速応性**：ω_c を増加させると速応性は向上する．

  ● **減衰性**：ω_c における位相余裕を大きくとると，減衰性は向上する．

(3) **高域**：この帯域は**ロバスト安定性**（robust stability）を受け持つ．ロバスト安

212 第13章 制御系設計仕様

定性とは，雑音や，モデリングされないダイナミクスなどが存在しても，閉ループシステムが不安定にならないような性質のことである．高域で雑音などの影響を受けにくくするロバスト安定性のために，ゲインの傾き（ゲインの**ロールオフ特性**という）を $-40 \sim -60$ dB/dec にとり，ゲインの減衰量を大きくしなければならない．なお，ロバスト安定性に関しては本書のレベルを超えてしまうので，これ以上の説明は行わない．

13.2　閉ループ特性に対する設計仕様

ここでは，簡単のため，1 対の複素共役根を代表特性根として，閉ループ伝達関数 $W(s)$ が2次系で近似できる場合を例にとって考える．この場合，以下に示すさまざまな特性値（第11章参照）を用いて閉ループ制御系の過渡特性仕様を表現することが可能になる．

- (a) 極配置（s 領域）：固有周波数 ω_n，減衰比 ζ
- (b) ステップ応答（時間領域）：最大行き過ぎ量 O_s，立ち上がり時間 T_r，遅れ時間 T_d，整定時間 T_s
- (c) 周波数応答（周波数領域）：バンド幅 ω_b，ピークゲイン M_p

これらの特性値と設計仕様の関係を簡単にまとめておこう．

13.2.1　減衰性

閉ループシステムの減衰性を規定する特性値は，s 領域においては減衰比 ζ，時間領域においては最大行き過ぎ量 O_s，周波数領域においてはピークゲイン M_p であった．これらを具体的な数値で与えることによって，設計仕様を定量的に表現することが可能になる．表 13.1 に，減衰性を記述する特性値の望ましい値をまとめる．

さて，第5章で述べたように，減衰比の大きさが 0.707 よりも大きければ，2次系は振動せず，減衰性を持っている．この減衰比を実現するためには，図13.2 (a) の網掛け部分に閉ループ極を配置すればよい．なお，この領域は $\zeta = 0.707$ に対応する $\pm 45°$ の直線に囲まれている．

表13.1 閉ループシステムの減衰性を与える特性値の望ましい値

パラメータ	サーボ系（追値制御）	プロセス制御（定値制御）
ζ	0.6〜0.8	0.2〜0.4
O_s	0〜0.25	
M_p	1.1〜1.5（1.3 程度）	

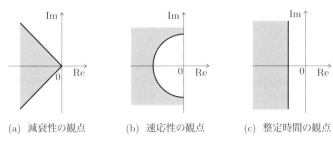

(a) 減衰性の観点　　(b) 速応性の観点　　(c) 整定時間の観点

図13.2　望ましい閉ループ極配置

13.2.2　速応性

閉ループシステムの速応性を規定する特性値は，s 領域においては固有周波数 ω_n，時間領域においては立ち上がり時間 T_r と遅れ時間 T_d，周波数領域においてはバンド幅 ω_b であった．

立ち上がり時間は，$0.3 \leq \zeta \leq 0.8$ のとき，近似的に

$$T_r = \frac{2.16\zeta + 0.6}{\omega_n} \tag{13.2}$$

と表された．たとえば，立ち上がり時間をある値にしたいという設計仕様が与えられた場合，式 (13.2) より対応する ω_n と ζ の値を求め，それらより閉ループ極の配置を決定できる．さらに，解析を容易にするために，式 (13.2) を

$$T_r = \frac{a}{\omega_n} \tag{13.3}$$

と近似する．ただし，a は定数である．よって，T_r をある値より小さくするためには，図 13.2 (b) の網掛け部分に閉ループ極を配置しなければならない．

214　第13章　制御系設計仕様

13.2.3　減衰性と速応性

整定時間は，11.2節の結果より，

$$T_s = \frac{3}{\zeta \omega_n} \tag{13.4}$$

と記述できた．ここで，分母の ζ は減衰性に，ω_n は速応性に関連する特性値であるので，整定時間は減衰性と速応性の双方に関与する．このとき，T_s をある値より小さくするためには，図13.2 (c) の網掛け部分に閉ループ極を配置しなければならない．

以上では，設計仕様として時間領域の値を規定した場合における，時間領域の値と s 領域の極配置との関係を示した．図13.2では三つの極配置の例を与えたが，通常，そのうちの (a) と (c) を用いて，図13.3に示す場所に閉ループシステムの極配置をすることが多い．

コラム6 ── 制御工学の簡単な歴史

第1章のコラム（p.18）で述べたように，近代的な制御工学は，ワットのガバナを解析したマクスウェルの論文に始まる．それ以降の制御工学の歴史を簡単にまとめておく．

- Phase 1：古典制御の時代（19世紀～1960）
  周波数領域における制御系設計法である古典制御に関する研究・開発が行われた．代表的なものは PID 制御である．

- Phase 2：現代制御の時代（1960～1980）
  カルマンによって創始された現代制御，すなわち，システムの状態空間表現に基づく制御系設計法に関する研究・開発が行われた．この方法は時間領域における設計法であり，最適レギュレータやカルマンフィルタなどが代表的な成果である．

- Phase 3：ポスト現代制御の時代（1980～2000）
  対象を記述するモデルの不確かさに着目したロバスト制御が，実用的な制御系設計法として提案され，理論と応用の両面から精力的に研究された．これは時間領域と周波数領域の双方を用いた設計法であり，代表的なものは $\mathcal{H}_\infty$ 最適制御である．

- Phase 4：非線形制御の時代（2000～）
  制御対象やコントローラの非線形性を考慮したさまざまな制御系設計法が研究・開発されている．代表的なものはモデル予測制御である．

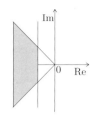

図 13.3　望ましい極配置

ここでは述べないが，時間領域の特性値を周波数領域の特性値へ変換することも可能である．大切なのは，設計仕様は時間領域，s 領域，周波数領域で規定することができ，そしてそれらは互いに結び付いているということである．

最後に，設計仕様と特性値を表 13.2 にまとめる．

表 13.2　設計仕様と特性値

	閉ループ特性		開ループ特性
	時間特性	周波数特性	周波数特性
減衰性	O_s	M_p	$G_M,\ P_M$
速応性	$T_r,\ T_d$	$\omega_b,\ \omega_n$	ω_c
定常特性	$\varepsilon_p,\ \varepsilon_v,\ \varepsilon_a$		K

本章のポイント

▼ 制御系設計仕様を，時間領域，s 領域，周波数領域で記述できるようになること．

Control Quiz

13.1　式 (13.3) より図 13.2 (b) を導きなさい．

13.2　式 (13.3) より図 13.2 (c) を導きなさい．

第14章 古典制御理論による制御系設計

本章では,いわゆる古典制御理論によりフィードバック制御系を設計する方法を紹介する.まず,古典制御の基本である直列補償について説明する.次に,ボード線図を用いた周波数領域における設計法であるループ整形法を,具体的な例題を通して説明する.また,産業界において最もよく利用されているPID制御を紹介する.続いて,フィードバック補償の具体例としてI-PD制御を導入する.このフィードバック補償を系統的に構成するものが現代制御理論であり,古典制御から現代制御への展開について最後に述べる.

14.1 直列補償

直列補償のブロック線図を図14.1に示す.図において,P は制御対象,C は補償器(コントローラ)である.以下では,次の四つの直列補償法について説明する.

(1) ゲイン補償(gain compensation)
(2) 位相遅れ補償(phase lag compensation)
(3) 位相進み補償(phase lead compensation)
(4) 位相進み遅れ補償(phase lead-lag compensation)

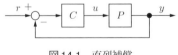

図 14.1 直列補償

14.1.1 ゲイン補償

直列補償器として，ゲイン要素

$$C(s) = K \tag{14.1}$$

を用いた場合を**ゲイン補償**，**比例制御**，あるいは **P 制御**という．ゲイン要素を用いると，図 14.2 に示すように，位相特性を変化させずにゲイン特性を $20\log_{10} K$ だけ上下方向に平行移動できる．このとき，

- $K > 1$ と選ぶと，ゲイン特性は上方向に平行移動するので，ゲインクロスオーバー周波数 ω_c を高くすることができるが，それと同時に，一般には位相余裕 P_M が減少する．場合によっては，破線で示したように位相余裕 P_M が負になってしまい，不安定になる．
- $K < 1$ と選ぶと，ゲイン特性は下方向に平行移動するので，ω_c が低下し速応性は劣化するが，位相余裕は増加し安定性は強化される．

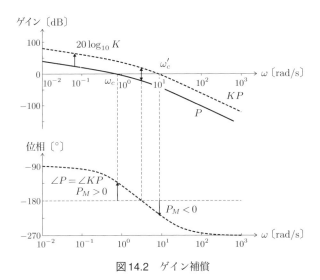

図 14.2 ゲイン補償

14.1.2 位相遅れ補償

直列補償器として，位相遅れ要素

$$C(s) = \frac{aTs+1}{Ts+1}, \quad a < 1 \tag{14.2}$$

を用いた場合を**位相遅れ補償**という．このボード線図を図14.3に示す．図では，$T = 1$，$a = 0.1$ とおいた．図より明らかなように，折点周波数が $1/T$，$1/(aT)$ の順で並ぶ．このとき，次式で示すように，その中間の周波数 ω_m で位相遅れは最大値 ϕ_m をとる．すなわち，

$$\omega_m = \frac{1}{T\sqrt{a}} \text{のとき}, \quad \phi_m = \arcsin\frac{a-1}{a+1} \tag{14.3}$$

となる．また，ゲイン特性から明らかなように，位相遅れ要素は高域でゲインが $20\log_{10}a$ 〔dB〕減衰する低域通過フィルタである．図の例では，$\omega_m = 3.16$ rad/s，$\phi_m = -54.9°$，$20\log_{10}a = -20$ dB になる．

$a \ll 1$ とすると，式 (14.2) は

$$C(s) \approx a + \frac{1}{Ts} \tag{14.4}$$

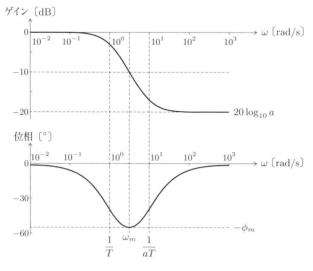

図 14.3 位相遅れ補償

と近似でき，位相遅れ補償器は積分型の補償であることがわかる．これは後述する PI 補償器である．

位相遅れ補償器の利用法をまとめておこう．

> ✤ Point 14.1 ✤ 位相遅れ補償器
>
> 位相遅れ補償器を用いると，高域と比べて低域のゲインを $-20\log_{10} a$ [dB] 増加させることができるので，制御系の定常特性を改善できる．その代償として，低域において位相が遅れてしまうが，$-180°$ まで余裕があるので，制御系は不安定にならない．このように，位相遅れ補償は低域における補償である．

14.1.3 位相進み補償

直列補償器として，位相進み要素

$$C(s) = \frac{aTs+1}{Ts+1}, \quad a > 1 \tag{14.5}$$

を用いた場合を**位相進み補償**という．伝達関数の形は式 (14.2) の位相遅れ要素と同じだが，a の大きさが違うことに注意しよう．位相進み補償のボード線図を図14.4

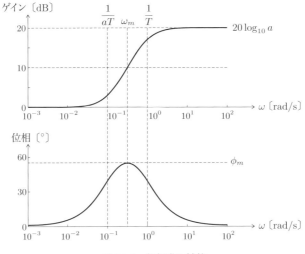

図 14.4 位相進み補償

220   第14章　古典制御理論による制御系設計

に示す．図では，$T = 1$，$a = 10$ とおいた．図より明らかなように，位相遅れ要素とは逆に，折点周波数は $1/(aT)$，$1/T$ の順に並び，その中間の周波数 ω_m で位相進みは最大値 ϕ_m をとる．すなわち，

$$\omega_m = \frac{1}{T\sqrt{a}}\text{のとき}，\quad \phi_m = \text{arc sin}\,\frac{a-1}{a+1} \tag{14.6}$$

となる．また，位相進み要素は，ゲイン特性から明らかなように，高域でゲインが $20\log_{10} a$〔dB〕増加する高域通過フィルタである．図の例では，$\omega_m = 0.316$ rad/s，$\phi_m = 54.9°$，$20\log_{10} a = 20$ dB になる．

さらに，$a \gg 1$ とすると，式 (14.5) は

$$C(s) \approx aTs \tag{14.7}$$

と近似でき，位相進み補償器は微分型の補償であることがわかる．これは後述する PD 補償器である．

位相進み補償器の利用法をまとめておこう．

❖ Point 14.2 ❖   位相進み補償器

位相進み補償器によってゲインクロスオーバー周波数付近の位相を進めることにより，適当な位相余裕を確保でき，制御系の速応性を改善できる．このように，位相進み補償は中域における補償である．

14.1.4 位相進み遅れ補償

直列補償器として，位相進み遅れ要素

$$C(s) = \frac{a_1 T_1 s + 1}{T_1 s + 1} \cdot \frac{a_2 T_2 s + 1}{T_2 s + 1}，\qquad a_1 < 1,\ a_2 > 1,\ T_1 > T_2 \tag{14.8}$$

を用いた場合を**位相進み遅れ補償**という．これは位相遅れと進み補償を組み合わせたもので，低域では位相遅れ補償，中域では位相進み補償を行う．これは後述する PID 補償に対応する．位相進み遅れ補償のボード線図を図14.5に示す．図では，$T_1 = 100$，$T_2 = 1$，$a_1 = 0.1$，$a_2 = 10$ とおいた．

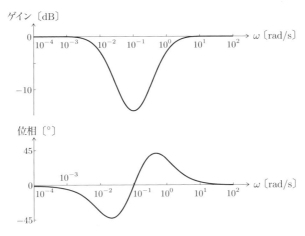

図14.5 位相進み遅れ補償

14.2 ループ整形法による制御系設計

本節では，例題を通して，ボード線図を用いた周波数領域における制御系設計法である**ループ整形法**（loop shaping method）について説明する．これは，開ループシステムの情報である一巡伝達関数（すなわち，ループ伝達関数）の形状（ゲイン特性と位相特性）を，補償器を適切に調整することによって整形していく方法であり，古典的なループ整形法とも呼ばれる．これに対して，$\mathcal{H}_\infty$ 制御などにおいて，閉ループ伝達関数の形状を直接整形する方法は**アドバンストループ整形法**と呼ばれる．

例題 14.1 （ゲイン補償）

MATLAB 制御対象

$$P(s) = \frac{1}{s(0.2s+1)(0.5s+1)} \tag{14.9}$$

に対して，ゲイン補償器

$$C(s) = K \tag{14.10}$$

を直列接続し，図14.6の制御系を構成する．このとき，次の問いに答えなさい．

(1) この制御系の一巡伝達関数 $L(s)$ を求めなさい．

(2) $K=1$ のときの $L(s)$ のボード線図を描き，ゲイン余裕と位相余裕を読み取りなさい．

(3) 位相余裕が $40°$ になるように，ゲイン要素 K の値を調整しなさい．

(4) 閉ループ系が安定になるための K の範囲を求めなさい．

(5) $K=1$ のとき，この制御系の定常位置偏差 ε_p を求めなさい．

(6) この制御系の定常速度偏差 ε_v が 0.1 以下になるような K の範囲を求めなさい．

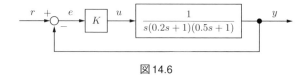

図 14.6

解答

(1) $L(s) = \dfrac{K}{s(0.2s+1)(0.5s+1)} = \dfrac{1}{0.1s^3 + 0.7s^2 + s}$

(2) $L(s)$ を積分器と二つの1次遅れ系

$$\frac{1}{s},\ \frac{1}{0.2s+1},\ \frac{1}{0.5s+1}$$

に分割し，折線近似法を用いてそれぞれのボード線図を描き，ボード線図上で足し合わせることにより作図できる．MATLAB を用いて作図したボード線図を図 14.7 に示す．図より，ゲイン余裕 $G_M = 16.9$ dB，位相余裕 $P_M = 55.6°$ である．

(3) ボード線図より，$\omega = 1.4$ rad/s のとき位相は $-140°$ であり，これは $P_M = 40°$ に対応する．そのときのゲインは -4.85 dB なので，その分だけゲイン特性を上へ平行移動すればよい．そのときのゲイン K は

$$20 \log_{10} K = 4.85 \quad \longrightarrow \quad K = 1.75$$

となる．$K = 1.75$ とした場合の $L(s)$ のボード線図を図 14.8 に示す．図より，位相余裕は $P_M = 39.8°$ である．

(4) $1 + L(s) = 0$ より，特性方程式は，

$$0.1s^3 + 0.7s^2 + s + K = 0$$

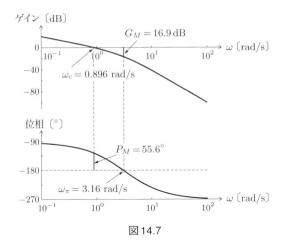

図 14.7

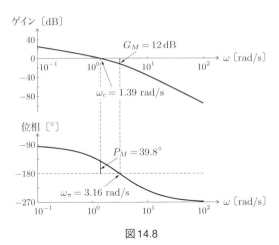

図 14.8

となり,ラウスの安定判別法を適用することにより $0 < K < 7$ を得る.

(5) この制御系は 1 型なので,K の値にかかわらず $\varepsilon_p = 0$ である.
(6) 定常速度偏差 ε_v は,次のように計算できる.

$$\varepsilon_v = \lim_{s \to 0} s \frac{1}{1+L(s)} \frac{1}{s^2} = \lim_{s \to 0} \frac{1}{1 + \dfrac{K}{s(0.2s+1)(0.5s+1)}} \frac{1}{s} = \frac{1}{K} \leq 0.1$$

よって,$K \geq 10$ となる. ∎

224 第14章 古典制御理論による制御系設計

いま，次の設計仕様Ⅰを与える．

【設計仕様 I】

(1) 閉ループ系は安定で，位相余裕は $P_M = 40°$

(2) 定常速度偏差は $\varepsilon_v \leq 0.1$

例題14.1の結果(4)と(6)より，式(14.9)の制御対象に対して，この設計仕様Ⅰを満足する制御系をゲイン補償だけでは達成できないことがわかる．

そこで，次の例題では，位相遅れ要素を用いてこの設計仕様Ⅰを満たす制御系を構成しよう．

例題14.2　（位相遅れ補償）

MATLAB 式(14.9)の制御対象に対して，ゲイン要素 K と位相遅れ要素

$$C(s) = \frac{aTs + 1}{Ts + 1}, \quad a < 1 \tag{14.11}$$

からなる補償器を直列接続し，制御系を構成する．このとき，前述した設計仕様Ⅰを満たすように K, T, a を調整しなさい．

解答　次の手順で設計を行う．

Step 1： 例題14.1 (6)より，定常速度偏差が0.1以下となるための条件は $K \geq 10$ なので，$K = 10$ とする．すなわち，

$$G(s) = \frac{10}{s(0.2s + 1)(0.5s + 1)}$$

とおき，これを新たな制御対象とする．

Step 2： $G(s)$ のボード線図は図14.9のようになる．図より，位相余裕は $P_M = -8.89°$（ゲインクロスオーバー周波数は $\omega'_c = 3.76 \text{ rad/s}$）となり，閉ループ系は不安定になっている．

Step 3： 位相遅れ補償器を設計する．

(1) 安全性を考慮して，設計仕様 $P_M = 40°$ より5°大きい $P_M = 45°$ とする．そこで，位相が $-180° + 45° = -135°$ となる周波数を図14.9の

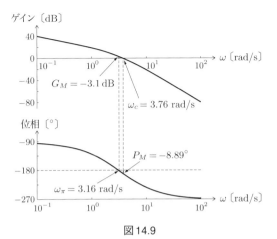

図14.9

位相線図より見つけると，$\omega_c = 1.2$ rad/s となる．これが位相遅れ補償後のゲインクロスオーバー周波数になる．

(2) $\omega_c = 1.2$ rad/s で一巡伝達関数 $L(s) = G(s)C(s)$ のゲインが 0 dB となるように，位相遅れ補償器 $C(s) = (aTs+1)/(Ts+1)$ のパラメータ a を調整する．そのために，$\omega_c = 1.2$ rad/s における $G(j\omega)$ のゲインを計算すると，

$$|G(j1.2)| = 16.8 \text{ dB}$$

となる．これより，位相遅れ要素の高域におけるゲインが -16.8 dB になるように，a を決定すればよい．すなわち，

$$20 \log_{10} a = -16.8 \quad \longrightarrow \quad a = 0.145$$

(3) 位相遅れ要素のカットオフ周波数 $1/(aT)$ は，通常 ω_c の 1/10 程度に選ばれる．そこで，1/10 として，$1/(aT) = 0.12$ とする．すると，次式により T が決定される．

$$aT = \frac{1}{0.12} \quad \longrightarrow \quad T = \frac{1}{0.12 \cdot 0.145} = 57.5$$

以上より，位相遅れ要素の伝達関数は

$$C(s) = \frac{8.33s + 1}{57.5s + 1} \tag{14.12}$$

となる．図14.10に，制御対象 $G(s)$（実線）と設計された位相遅れ補

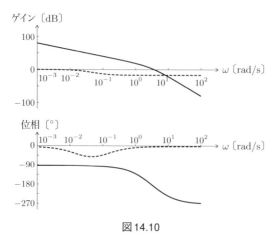

図 14.10

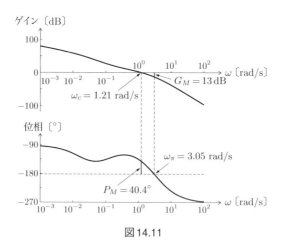

図 14.11

償器 $C(s)$ （破線）のボード線図を示す．

Step 4：設計された制御系を確認する．一巡伝達関数 $L(s)$ は

$$L(s) = \frac{10(8.33s + 1)}{s(0.2s + 1)(0.5s + 1)(57.5s + 1)} \tag{14.13}$$

となる．このボード線図を図 14.11 に示す．図より，位相余裕は $P_M = 40.4°$ であり，設計仕様を満たしていることがわかる．また，$K = 10$ なので，$\varepsilon_v = 0.1$ であり，定常特性の仕様も満足している． ■

この例題から，位相遅れ補償器を用いることにより，低域のゲインを高域のゲインより大きくすることができるので，安定余裕を保ちつつ定常特性を改善できることが確認できた．

しかしながら，$\omega_c = 1.2$ rad/s であった．制御系の速応性を向上させるためには，この ω_c を高くしなければならない．そこで，次の設計仕様 II を考えよう．

【設計仕様 II】

(1) 閉ループ系は安定で，位相余裕は $P_M = 40°$

(2) ゲインクロスオーバー周波数は $\omega_c = 3.7$ rad/s

次の例題では，位相進み要素を用いてこの設計仕様 II を満たす制御系を構成する．

例題 14.3 （位相進み補償）

MATLAB 式 (14.9) の制御対象に対して，ゲイン要素 K と位相進み要素

$$C(s) = \frac{aTs + 1}{Ts + 1}, \quad a > 1 \tag{14.14}$$

からなる補償器を直列接続し，制御系を構成する．このとき，前述した設計仕様 II を満たすように K, T, a を調整しなさい．

解答 次の手順で設計を行う．

Step 1： 例題 14.2 において，$\omega_c = 3.7$ rad/s をゲイン補償だけで実現するためには，$K = 10$ とすればよいが，そのとき $P_M = -8.89°$ となり，不安定となってしまった．そこで，$K = 10$ とした場合に対して，位相進み要素を用いて ω_c 付近の位相を進ませて位相余裕を確保する．そのために，$\omega_c = 3.7$ rad/s 付近で，位相を $40° + 8.89° \approx 50°$ 進ませよう．$\phi_m = 50°$ として，式 (14.6) を解くと，次式が得られる．

$$\sin \phi_m = \sin 50° = 0.766 = \frac{a - 1}{a + 1} \quad \longrightarrow \quad a = 7.549$$

次に，$\omega_m = 3.7$ とおくと，

$$T = \frac{1}{\omega_m \sqrt{a}} = 0.09837$$

となる．以上より，位相進み要素の伝達関数は次式となる．

$$C(s) = \frac{0.7426s + 1}{0.09837s + 1} \tag{14.15}$$

図 14.12 に，$K = 10$ としたときの制御対象 $G(s)$（実線）と位相進み補償器 $C(s)$（破線）のボード線図を示す．

Step 2：位相進み要素を用いた一巡伝達関数

$$L(s) = \frac{10(0.7426s + 1)}{s(0.5s + 1)(0.2s + 1)(0.09837s + 1)}$$

のボード線図を図 14.13 に示す．図より，新たなゲインクロスオーバー周波数は 6.98 rad/s であり，$\omega_c = 3.7$ rad/s ではゲインは約 9 dB なので，ゲイン補償により 9 dB ゲインを下げればよいことがわかる．

$$-9 = 20 \log_{10} \frac{K}{10} \longrightarrow K = 3.55$$

よって，一巡伝達関数は次式となる．

$$L(s) = \frac{3.55(0.7426s + 1)}{s(0.5s + 1)(0.2s + 1)(0.09837s + 1)} \tag{14.16}$$

ボード線図を図 14.14 に示す．図より，$\omega_c = 3.72$ rad/s，$P_M = 41.6°$ であり，設計仕様 II を達成していることがわかる．■

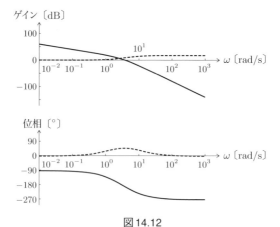

図 14.12

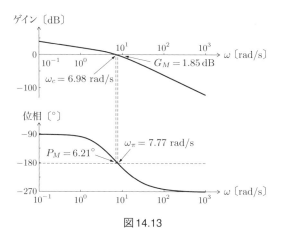

図 14.13

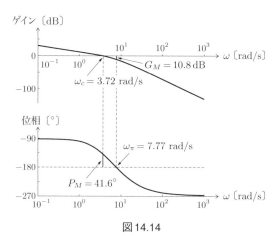

図 14.14

最後に，次の設計仕様 III を考えよう．

【設計仕様 III】
(1) 閉ループ系は安定で，位相余裕は $P_M = 40°$
(2) ゲインクロスオーバー周波数は $\omega_c = 3.7$ rad/s
(3) 定常速度偏差は $\varepsilon_v \leq 0.1$

この設計仕様 III を達成するために，位相進み遅れ補償を用いて，低域の定常特性と中域の速応性を同時に改善しよう．

例題 14.4 （位相進み遅れ補償）

MATLAB 式 (14.9) の制御対象に対して，次の問いに答えなさい．

(1) 例題 14.2 で設計した式 (14.12) の位相遅れ要素と例題 14.3 で設計した式 (14.15) の位相進み要素を適用し，ゲイン K を適切に調整することにより，設計仕様 III を満たす制御系を設計しなさい．
(2) 得られたフィードバック制御系のブロック線図を描きなさい．
(3) 速応性，減衰性，定常特性などの観点から，位相進み遅れ補償の効果について考察しなさい．

解答

(1) $\omega_c = 3.7$ rad/s となるように K を調整すると，$K = 25$ となる．このとき，図 14.15 のボード線図が得られる．図より，設計仕様 III の (1), (2) が達成されていることは明らかである．また，定常速度偏差は $1/25 = 0.04$ となり，これも満たしている．
(2) 得られたフィードバック制御系のブロック線図を図 14.16 に示す．

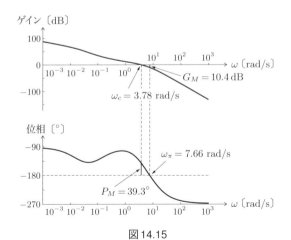

図 14.15

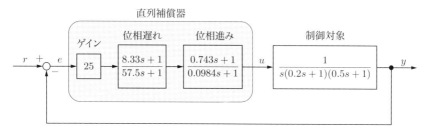

図 14.16

(3) 補償前と補償後の特性値を表 14.1 にまとめる．表より，減衰性を特徴付ける安定余裕の値は，補償前のほうが補償後よりやや大きいが，補償後の値でも安定余裕は十分確保されており，問題はない．次に，一巡伝達関数のゲインクロスオーバー周波数 (ω_c) で速応性を評価すると，補償後は補償前の約 4.2 倍になっている．最後に，定常特性について定常ゲイン (K) で比較すると，補償後は補償前の 25 倍まで改善されている．以上より，位相進み遅れ補償を施すことで，減衰性を劣化させることなく，速応性を約 4.2 倍，定常特性を 25 倍改善することができた． ■

表 14.1 位相進み遅れ補償による特性値の変化

	特性値	補償前	補償後
減衰性	G_M 〔dB〕	16.9	10.4
	P_M 〔°〕	55.6	39.3
速応性	ω_c 〔rad/s〕	0.898	3.78
定常特性	K	1	25

14.3　PID 制御

さまざまなフィードバック制御系設計法が提案されているが，その中で実用に供しているものの約 80 % 以上が，本節で述べる PID 制御であると言われている．特に，温度，圧力，流量などを一定に保つ定値制御，すなわちレギュレーション (regulation)

を目的とし，外乱抑制に重点が置かれる化学工学，製鉄などの**プロセス制御**の分野では，対象のモデリングが困難であるため，PID 制御を用いる場合が多い．

14.3.1 PID 補償器の構造

制御対象に PID 補償器を直列接続したブロック線図を図14.17に示す．図より，PID 補償器の伝達関数 $C(s)$ は，

$$C(s) = K_P \left(1 + \frac{1}{T_I s} + T_D s\right) \tag{14.17}$$

で与えられる．ここで，K_P は比例ゲイン，T_I は積分時間，T_D は微分時間と呼ばれる．このように，PID 補償器では，偏差 e に**比例** (proportional) 動作，**積分** (integral) 動作，**微分** (derivative) 動作を並列に施して，操作量 u を生成するので，それぞれの頭文字をとって PID と略記される．

PID 補償の一部として，次に示す P 補償，PI 補償，PD 補償などがある．

- P 補償： K_P
- PI 補償： $K_P \left(1 + \dfrac{1}{T_I s}\right)$
- PD 補償： $K_P (1 + T_D s)$

ここで，P 補償はゲイン補償に，PI 補償は位相遅れ補償に，PD 補償は位相進み補償に，そして PID 補償は位相進み遅れ補償に対応する．

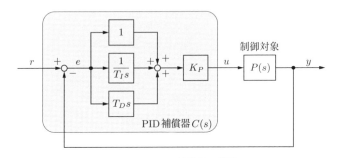

図14.17　PID 補償器の構造

14.3.2 PID補償器の設計法

PID 補償器は式 (14.17) で示したように,三つの制御パラメータから構成される比較的単純なコントローラである.PID 補償器を利用する場合,次に行うべきことは,この三つの制御パラメータ $\{K_P, T_I, T_D\}$ を決定することである.これまで,限界感度法や過渡応答法などさまざまな PID パラメータの決定法が提案されているが,それらは制御パラメータを直接チューニング(調節)する方法であった.制御対象のモデリングが困難な場合には,このようなチューニングに頼らざるを得ないが,本書では,制御対象の部分的なモデルに基づいた制御パラメータ決定法である**参照モデル法**を紹介する.

図 14.18 において,制御対象 $P(s)$ に対して与えられた設計仕様を達成するように,PID 補償器 $C(s)$ を設計することが制御系設計問題である.参照モデル法では,**参照モデル** (reference model) $R_M(s)$ を導入し,制御量 $y(t)$ ができるだけ参照モデルの出力 $y_M(t)$ に一致するように PID 補償器 $C(s)$ のパラメータを調整する.

参照モデルとは,制御対象の望ましい応答特性を規定するモデルのことであり,その伝達関数を

$$R_M(s) = \frac{1}{\alpha_0 + \alpha_1 \sigma s + \alpha_2 (\sigma s)^2 + \cdots} = \frac{1}{\alpha(s)} \tag{14.18}$$

とする.ここで,σ は応答時間に関するパラメータである.また,参照モデルの係数 $\{\alpha_i\}$ としては,北森[5]により提案された

$$\{\alpha_0, \alpha_1, \alpha_2, \alpha_3, \alpha_4, \ldots\} = \{1, 1, 0.5, 0.15, 0.03, 0.003, \ldots\} \tag{14.19}$$

が有名であり,本書ではこれを利用する.

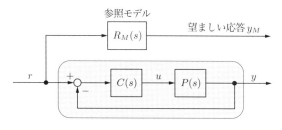

図 14.18 参照モデル法

この係数を利用し，σ の値を $1, 5, 10$ と変化させて参照モデルのステップ応答を描いたものを図14.19に示す．図より σ は時間スケールを制御するパラメータであることがわかる．なお，式 (14.18) のように，分母のみに係数を持つ表現を分母系列表現という．

次に，制御対象 $P(s)$ も

$$P(s) = \frac{1}{\beta_0 + \beta_1 s + \beta_2 s^2 + \cdots} = \frac{1}{\beta(s)} \tag{14.20}$$

のように分母系列表現する．たとえば，制御対象が

$$P(s) = \frac{s+3}{s^2 + 2s + 3}$$

のように記述されている場合には，分子分母を $s+3$ で割れば，分母系列表現

$$P(s) = \frac{1}{1 + \frac{1}{3}s + \frac{2}{9}s^2 + \cdots}$$

が導かれる．さらに，PID 補償器の伝達関数 $C(s)$ を次のように書き直す．

$$\begin{aligned} C(s) &= K_P \left(1 + \frac{1}{T_I s} + T_D s\right) = \frac{K_P/T_I + K_P s + K_P T_D s^2}{s} \\ &= \frac{\gamma_0 + \gamma_1 s + \gamma_2 s^2}{s} = \frac{\gamma(s)}{s} \end{aligned} \tag{14.21}$$

以上の準備のもとで，図14.18において r から y までの閉ループ伝達関数は，

$$W(s) = \frac{P(s)C(s)}{1 + P(s)C(s)} = \frac{1}{1 + s\dfrac{\beta(s)}{\gamma(s)}} \tag{14.22}$$

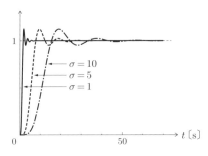

図14.19 σ の値とステップ応答波形の関係

であり，これが参照モデル $R_M(s)$ と等しくなるように，多項式 $\gamma(s)$ の係数を決定することになる．すなわち，

$$\frac{1}{1 + s\dfrac{\beta(s)}{\gamma(s)}} = \frac{1}{\alpha(s)}$$

となる．簡単な式変形より，

$$\gamma(s) = \frac{s\beta(s)}{\alpha(s) - 1} \tag{14.23}$$

が得られる．式 (14.23) 右辺を割り算し，s に関する昇べきの順で並べ，左辺と係数比較すると，次の式が得られる．

$$\gamma_0 = \frac{\beta_0}{\sigma} \tag{14.24}$$

$$\gamma_1 = \frac{1}{\sigma}(\beta_1 - \sigma\alpha_2\beta_0) \tag{14.25}$$

$$\gamma_2 = \frac{1}{\sigma}\{\beta_2 - \sigma\alpha_2\beta_1 + \sigma^2(\alpha_2^2 - \alpha_3)\beta_0\} \tag{14.26}$$

$$0 = \frac{1}{\sigma}\{\beta_3 - \sigma\alpha_2\beta_2 + \sigma^2(\alpha_2^2 - \alpha_3)\beta_1 + \sigma^3(2\alpha_2\alpha_3 - \alpha_2^3 - \alpha_4)\beta_0\} \tag{14.27}$$

$$\vdots \qquad \vdots$$

補償器の構造が複雑ならば，すなわち，制御パラメータを多数有していれば，これらの式が多数存在するが，今は PID 補償器を用いているので制御パラメータは 3 個だけであり，式 (14.24) 〜 (14.26) が得られた．これらより，γ_0 から γ_2 が計算できる．また，4 番目の式（式 (14.27)）より，時間に関するパラメータ σ を決定する．式 (14.27) は σ に関する 3 次方程式

$$(2\alpha_2\alpha_3 - \alpha_2^3 - \alpha_4)\beta_0\sigma^3 + (\alpha_2^2 - \alpha_3)\beta_1\sigma^2 - \alpha_2\beta_2\sigma + \beta_3 = 0 \tag{14.28}$$

となるが，得られた三つの根のうち，正の実数のうちで最も小さい値を σ として採用する．

ここで紹介した参照モデル法では，すべての係数を適合しているのではなく，s に関して低次の項だけを適合していることに注意する．このような方法を**部分的モデルマッチング法**という．

236 第14章 古典制御理論による制御系設計

例題14.5

MATLAB 例題14.1で利用した制御対象

$$P(s) = \frac{1}{s(0.2s+1)(0.5s+1)} \tag{14.29}$$

に対して，次の問いに答えなさい．

(1) 参照モデル法を用いて PID 補償器を設計しなさい．

(2) 参照モデル法を用いて PI 補償器を設計しなさい．

(3) (1), (2) により得られた制御系のステップ応答をそれぞれ図示し，それらについて考察しなさい．

(4) (1), (2) により得られた制御系の一巡伝達関数を図示し，それらより，制御系の速応性と減衰性を求めなさい．

解答

(1) 制御対象は

$$P(s) = \frac{1}{s + 0.7s^2 + 0.1s^3}$$

であるので，最初から分母系列表現されている．これより，$\beta_0 = 0$，$\beta_1 = 1$，$\beta_2 = 0.7$，$\beta_3 = 0.1$ である．まず，式 (14.28) より σ を計算する．この例では，式 (14.28) は2次方程式

$$(0.5^2 - 0.15)\sigma^2 - 0.5 \cdot 0.7\sigma + 0.1 = 0$$

となるので，これを解いて2実根 $\sigma = 0.314, 3.19$ を得る．このうちの小さいほうの正数 0.314 を σ として用いる．次に，式 (14.24)〜(14.26) に $\sigma = 0.314$ を代入すると，$\gamma_1 = 3.19$，$\gamma_2 = 1.73$ が得られる．したがって，設計された補償器は，

$$C(s) = \frac{3.19s + 1.73s^2}{s} = 3.19 + 1.73s$$

となり，結果的に PD 補償器が得られた．この例では制御対象に積分要素が含まれていたので，I 動作の設計は必要なかった．

(2) PI 補償器は

$$C(s) = K_P\left(1 + \frac{1}{T_I s}\right) = \frac{\frac{K_P}{T_I} + K_P s}{s} = \frac{\gamma_0 + \gamma_1 s}{s} \quad (14.30)$$

であるので，$\gamma_2 = 0$ となる．よって，式 (14.24)，(14.25) より γ_0, γ_1 を決定でき，さらに式 (14.26) を 0 とおくことにより σ を決定できる．すなわち，

$$\beta_0(\alpha_2^2 - \alpha_3)\sigma^2 - \alpha_2 \beta_1 \sigma + \beta_2 = 0$$

となり，これに数値を代入すると，$\sigma = 1.4$ が得られる．さらに，$\gamma_0 = 0$，$\gamma_1 = 0.714$ となるので，設計された補償器は

$$C(s) = 0.714$$

となり，結果的に P 補償器が得られた．

(3) 得られた制御系のステップ応答を図 14.20 に示す．実線が PID 補償，破線が PI 補償に対する閉ループシステムのステップ応答である．

(4) PI 補償，PID 補償を施した場合の一巡伝達関数はそれぞれ次のようになる．

$$L_{PI}(s) = \frac{0.714}{s(0.1s^2 + 0.7s + 1)} \quad (14.31)$$

$$L_{PID}(s) = \frac{1.73s + 3.19}{s(0.1s^2 + 0.7s + 1)} \quad (14.32)$$

これらの周波数特性を図 14.21 に示す．また，それぞれの制御系の減衰性，速応性，定常特性を表 14.2 にまとめる．■

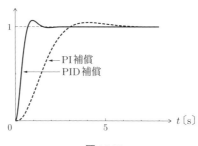

図 14.20

238　第14章　古典制御理論による制御系設計

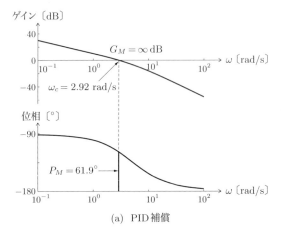

(a) PID補償

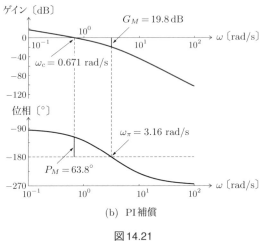

(b) PI補償

図 14.21

表 14.2　PI, PID 補償による特性値の変化

特性値		補償前	PI 補償後	PID 補償後
減衰性	G_M [dB]	16.9	19.8	∞
	P_M [°]	55.6	63.8	61.9
速応性	ω_{gc} [rad/s]	0.898	0.671	2.92
定常特性	K	1	0.714	3.19

補償前：制御対象に直結フィードバックを施した状態

この例では，PI 補償は単に P 補償で，さらにゲイン K が 1 より小さいので，単なる直結フィードバックより制御性能は劣化した．一方，PID 補償（実質的には PD 補償）では，直結フィードバックと比べて速応性，定常特性ともに約 3 倍向上した．さらに，一巡伝達関数の相対次数が 2 なので，高域において位相は $-180°$ より小さくならず，ゲイン余裕は $G_M = \infty$ となる．

14.4　フィードバック補償

14.4.1　速度フィードバック

図 14.22 に示す DC サーボモータ（4.3 節参照）を用いて，速度フィードバックについて考えていこう．

この DC サーボモータの伝達関数は，次式で与えられる．

$$P(s) = \frac{1}{s(s+1)} \tag{14.33}$$

まず，図に示したように角変位 θ をフィードバックし，ゲイン K の P 制御を施すと，一巡伝達関数は，

$$L(s) = \frac{K}{s(s+1)} \tag{14.34}$$

となり，r から y までの閉ループ伝達関数は，

$$W(s) = \frac{L(s)}{1+L(s)} = \frac{K}{s^2 + s + K} \tag{14.35}$$

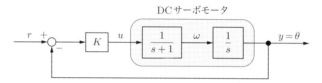

図 14.22　DC サーボモータ（位置フィードバック）

となる．図 14.22 は，位置情報に対応する角変位をフィードバックしているので，**位置フィードバック**（position feedback）と呼ばれる．

さて，2次遅れ系の標準形

$$\frac{\omega_n^2}{s^2 + 2\zeta\omega_n s + \omega_n^2} \tag{14.36}$$

と式 (14.33) の制御対象を比較すると，制御対象では ω_n^2 に対応する項が 0 である．これは制御対象が無定位系（あるいは不安定）であることを意味している．次に，位置フィードバックを施すことにより得られた式 (14.35) と 2 次遅れ系の標準形を比較すると，

$$2\zeta\omega_n = 1, \qquad \omega_n^2 = K$$

が得られ，これより，

$$\omega_n = \sqrt{K}, \qquad \zeta = \frac{1}{2\sqrt{K}} \tag{14.37}$$

となる．よって，$\omega_n > 0$，$\zeta > 0$ となり，安定化されていることがわかる．

次に，速度情報である角速度 $\omega = \dot{\theta}$ をさらにフィードバックすることは**速度フィードバック**（velocity feedback）と呼ばれ，その結果，図 14.23 が得られる．図において，速度フィードバックループは**マイナーフィードバックループ**（minor feedback loop）と呼ばれる．このブロック線図を変形すると，図 14.24 が得られる．図 14.24 (a) において，

$$T' = \frac{1}{1+f}, \qquad K' = \frac{1}{1+f}$$

である．図 14.24 (b) より，閉ループ伝達関数は次式となる．

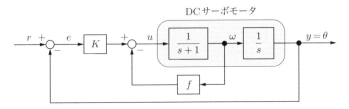

図 14.23　DC サーボモータ（位置フィードバックと速度フィードバック）

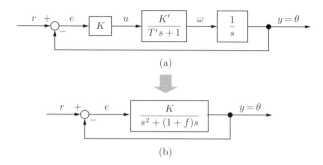

図14.24 速度フィードバックの効果

$$W(s) = \frac{K}{s^2 + (1+f)s + K} \tag{14.38}$$

先ほどと同様に式 (14.36) の2次遅れ系の標準形と比較すると，

$$2\zeta\omega_n = 1 + f, \qquad \omega_n^2 = K$$

が得られ，これより，

$$\omega_n = \sqrt{K}, \qquad \zeta = \frac{1+f}{2\sqrt{K}} \tag{14.39}$$

となる．よって，速度フィードバックを施すことにより，減衰比が位置フィードバックのみのときの $1/2\sqrt{K}$ から $(1+f)/2\sqrt{K}$ に増加し，減衰性が向上していることがわかる．

例題 14.6

図 14.23 のフィードバック制御系において，次の設計仕様を達成するように K, f を定めなさい．

(1) 定常速度偏差 $\varepsilon_v = 0.1$
(2) 閉ループ系の減衰比 $\zeta = 0.5$

解答 まず，仕様 (1) について計算すると，

$$\varepsilon_v = \lim_{t \to \infty} e(t) = \lim_{s \to 0} se(s) = \frac{1+f}{K} = 0.1$$

となる．次に，仕様 (2) は式 (14.39) を利用すると，

$$\zeta = \frac{1+f}{2\sqrt{K}} = 0.5$$

となり，これらの式より，$K=100$，$f=9$ を得る． ∎

14.4.2　I-PD 制御

　図 14.25 にフィードバック補償の一つである I-PD 制御系の構成を示す．図において，網掛け部分が I-PD 補償器である．ここで，K/s が積分器（I 動作）であり，

$$F(s) = f_0 + f_1 s \tag{14.40}$$

である．また，

$$F(s) = f_0 \tag{14.41}$$

と選べば，I-P 補償器になる．I-PD 補償器の場合，出力を微分した量をフィードバックしており，これは前項で説明した速度フィードバックに対応する．

　一般的に扱うため，

$$F(s) = f_0 + f_1 s + f_2 s^2 + \cdots \tag{14.42}$$

として，図 14.25 の r から y までの閉ループ伝達関数 $W(s)$ を計算すると，

$$W(s) = \frac{\dfrac{KP(s)}{s}}{1 + P(s)\left(\dfrac{K}{s} + f_0 + f_1 s + f_2 s^2 + \cdots\right)} \tag{14.43}$$

となる．

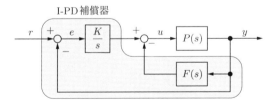

図 14.25　I-PD 制御系

以下では，参照モデル法を用いて I-PD パラメータを決定する方法[1]を与えよう．制御対象 $P(s)$ を

$$P(s) = \frac{1}{\beta(s)} = \frac{1}{\beta_0 + \beta_1 s + \beta_2 s^2 + \cdots}$$

のように分母系列表現すると，式 (14.43) は次のように変形できる．

$$
\begin{aligned}
W(s) &= \frac{1}{1 + \dfrac{s}{K} \{\beta(s) + F(s)\}} \\
&= \frac{1}{1 + \left(\dfrac{\beta_0 + f_0}{K}\right) s + \left(\dfrac{\beta_1 + f_1}{K}\right) s^2 + \left(\dfrac{\beta_2 + f_2}{K}\right) s^3 + \cdots}
\end{aligned}
\tag{14.44}
$$

PID 補償の場合と比べると，上式は見通しの良い形になっている．

式 (14.44) が，参照モデル $R_M(s) = 1/\alpha(s)$ と一致するように補償器の係数 f_0，$f_1, \ldots$ を決定すればよい．すなわち，

$$
\begin{aligned}
&1 + \left(\frac{\beta_0 + f_0}{K}\right) s + \left(\frac{\beta_1 + f_1}{K}\right) s^2 + \left(\frac{\beta_2 + f_2}{K}\right) s^3 + \cdots \\
&= 1 + \alpha_1 \sigma s + \alpha_2 (\sigma s)^2 + \alpha_3 (\sigma s)^3 + \cdots
\end{aligned}
\tag{14.45}
$$

となり，これより，I-PD 補償の場合（f_0, f_1 のみが存在する場合）のパラメータは，式 (14.45) の係数比較を行うことにより，以下のように得られる．

$$\sigma = \frac{\alpha_3}{\alpha_4} \cdot \frac{\beta_3}{\beta_2} \tag{14.46}$$

$$K = \frac{\beta_2}{\alpha_3 \sigma^3} \tag{14.47}$$

$$f_0 = K\alpha_1 \sigma - \beta_0 \tag{14.48}$$

$$f_1 = K\alpha_2 \sigma^2 - \beta_1 \tag{14.49}$$

参照モデル法を用いると，このような簡単な代数計算により I-PD 補償の制御パラメータを計算できる．

さて，I-PD 補償器は図 14.26 のように変形することができる．図より，I-PD 補償器は，

[1.] この設計法は北森 [5] によって提案されたので北森法とも呼ばれる．

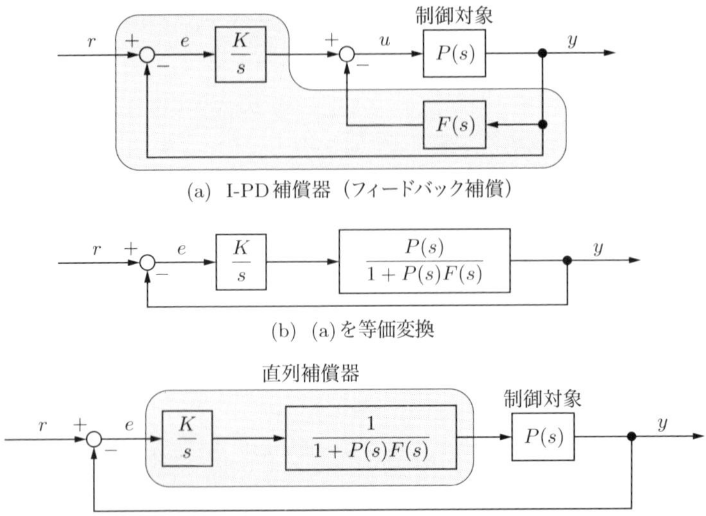

244　第14章　古典制御理論による制御系設計

(a)　I-PD補償器（フィードバック補償）

(b)　(a)を等価変換

(c)　直列補償

図14.26　I-PD補償器の直列補償としての解釈

$$C(s) = \frac{K}{s} \cdot \frac{1}{1 + P(s)F(s)}$$

とおいた直列補償に相当する.

例題 14.7

MATLAB 例題14.5の制御対象に対して，次の問いに答えなさい.

(1) 参照モデル法を用いて I-PD 補償器を設計しなさい.

(2) 参照モデル法を用いて I-P 補償器を設計しなさい.

(3) (1), (2) により得られた制御系のステップ応答をそれぞれ図示しなさい.

解答

(1) 制御対象の分母系列表現は $\beta_0 = 0$, $\beta_1 = 1$, $\beta_2 = 0.7$, $\beta_3 = 0.1$ であり，参照モデルは $\alpha_1 = 1$, $\alpha_2 = 0.5$, $\alpha_3 = 0.15$, $\alpha_4 = 0.03$ なので，これらを式 (14.46) 〜 (14.49) に代入することにより $\sigma = 0.714$, $K = 12.8$, $f_0 = 9.14$, $f_1 = 2.27$ を得る.

(2) I-P 補償の場合には，K, f_0, σ を決定すればよいので，次の3式を利用すればよい．

$$\frac{\beta_0 + f_0}{K} = \alpha_1 \sigma, \quad \frac{\beta_1}{K} = \alpha_2 \sigma^2, \quad \frac{\beta_2}{K} = \alpha_3 \sigma^3$$

これらより，次の式を得る．

$$\sigma = \frac{\alpha_2}{\alpha_3} \cdot \frac{\beta_2}{\beta_1} = 2.33, \quad K = \frac{\beta_1}{\alpha_2 \sigma^2} = 0.367, \quad f_0 = K\alpha_1\sigma - \beta_0 = 0.857$$

(3) 得られた制御系のステップ応答を図 14.27 に示す．実線が I-PD 補償，一点鎖線が I-P 補償，そして破線が制御対象のステップ応答である．I-PD 制御を用いることにより，過渡特性と定常特性の両面において優れた制御系が得られた． ∎

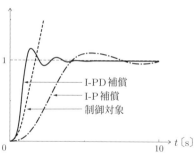

図 14.27

14.5 古典制御から現代制御へ

再び，伝達関数が

$$G(s) = \frac{1}{s(s+1)} \tag{14.50}$$

である DC サーボモータについて考えよう．まず，図 14.28 (a) に示すように PD 補償を施す．この制御系は，出力 $y(t)$ をフィードバックしているので，**出力フィードバック**（output feedback）と呼ばれる．

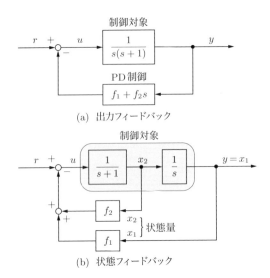

図14.28 出力フィードバック（古典制御）と状態フィードバック（現代制御）

さて，式 (14.50) は次式のように状態空間表現できる．

$$\frac{d}{dt}\begin{bmatrix} x_1(t) \\ x_2(t) \end{bmatrix} = \begin{bmatrix} 0 & 1 \\ 0 & -1 \end{bmatrix}\begin{bmatrix} x_1(t) \\ x_2(t) \end{bmatrix} + \begin{bmatrix} 0 \\ 1 \end{bmatrix} u(t) \tag{14.51}$$

$$y(t) = \begin{bmatrix} 1 & 0 \end{bmatrix}\begin{bmatrix} x_1(t) \\ x_2(t) \end{bmatrix} \tag{14.52}$$

ここでは，$x_1(t)$ の微分が $x_2(t)$ になるように状態変数を選んだ．すると，図 14.28 (a) の PD 制御則は，

$$u(t) = -f_1 x_1(t) - f_2 x_2(t) + r(t) = -\begin{bmatrix} f_1 & f_2 \end{bmatrix}\begin{bmatrix} x_1(t) \\ x_2(t) \end{bmatrix} + r(t) \tag{14.53}$$

と記述でき，図 14.28 (b) が得られる．この図では制御対象の状態量 $x_1(t)$, $x_2(t)$ をフィードバックする構造をとっているため，**状態フィードバック**（state feedback）と呼ばれる．

これまで説明してきた古典制御では，式 (14.50) のような伝達関数によって制御対象を表現し，PD 補償器のような出力フィードバックによって制御則を与えた．一方，**現代制御**（modern control）では，式 (14.51)，(14.52) のような状態方程式に

よって制御対象を表現し，式 (14.53) のような状態フィードバックによって制御則を与える．

たとえば，図 14.28 (a) の古典制御では $f_2 s$ という微分器が必要だったが，図 14.28 (b) の現代制御では微分器を用いていない．また，古典制御は伝達関数表現に基づいているため，基本的に 1 入出力系に対する設計法であるが，現代制御は状態方程式に基づいているため，多入出力系にも容易に拡張できる．このように，現代制御は古典制御にないさまざまな利点を持っている．

さて，制御対象が

$$\frac{\mathrm{d}}{\mathrm{d}t}\boldsymbol{x}(t) = \boldsymbol{A}\boldsymbol{x}(t) + \boldsymbol{b}u(t), \quad \boldsymbol{x}(0) = \boldsymbol{x}_0 \tag{14.54}$$

$$y(t) = \boldsymbol{c}^T \boldsymbol{x}(t) \tag{14.55}$$

により状態空間表現される一般的なものである場合，状態フィードバック制御では，操作量 $u(t)$ は次式で与えられる．

$$u(t) = -\boldsymbol{f}^T \boldsymbol{x}(t) + r(t) \tag{14.56}$$

ここで，式 (14.56) の右辺第 1 項が状態フィードバックによる項であり，$\boldsymbol{f}$ はフィードバックゲインと呼ばれる．また，右辺第 2 項の $r(t)$ は目標値である．閉ループ系を図 14.29 に示す．

式 (14.56) を式 (14.54) に代入すると，

$$\frac{\mathrm{d}}{\mathrm{d}t}\boldsymbol{x}(t) = (\boldsymbol{A} - \boldsymbol{b}\boldsymbol{f}^T)\boldsymbol{x}(t) + \boldsymbol{b}r(t) \tag{14.57}$$

となる．したがって，式 (14.54)，(14.55) で記述される制御対象 $(\boldsymbol{A}, \boldsymbol{b}, \boldsymbol{c}^T)$ に式 (14.56) の制御則を施すと，$r(t)$ から $y(t)$ までの閉ループシステムの状態方程式の係数は，$(\boldsymbol{A} - \boldsymbol{b}\boldsymbol{f}^T, \boldsymbol{b}, \boldsymbol{c}^T)$ に変化する．

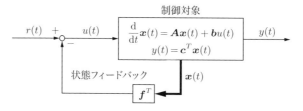

図 14.29　状態フィードバック制御系

248   第14章 古典制御理論による制御系設計

例題 14.8

$$\frac{\mathrm{d}}{\mathrm{d}t} \left[\begin{array}{c} x_1(t) \\ x_2(t) \end{array} \right] = \left[\begin{array}{cc} 0 & 1 \\ -3 & -2 \end{array} \right] \left[\begin{array}{c} x_1(t) \\ x_2(t) \end{array} \right] + \left[\begin{array}{c} 0 \\ 1 \end{array} \right] u(t)$$

$$y(t) = \left[\begin{array}{cc} 1 & 2 \end{array} \right] \left[\begin{array}{c} x_1(t) \\ x_2(t) \end{array} \right]$$

によって状態空間表現される制御対象に対して,

$$u(t) = - \left[\begin{array}{cc} f_1 & f_2 \end{array} \right] \left[\begin{array}{c} x_1(t) \\ x_2(t) \end{array} \right] + r(t)$$

のフィードバック制御を施す. このとき, 次の問いに答えなさい.

(1) 制御対象の伝達関数 $P(s)$ を計算しなさい.

(2) $r(t)$ から $y(t)$ までの閉ループシステムを状態空間表現しなさい.

(3) 閉ループシステムの伝達関数 $W(s)$ を計算しなさい.

(4) 閉ループシステムにおいて $\omega_n = 2$, $\zeta = 0.6$ となるように, フィードバックゲイン f_1, f_2 の値を決定しなさい.

解答

(1) $P(s) = \dfrac{2s+1}{s^2 + 2s + 3}$

(2) 式 (14.57) より, 次式が得られる.

$$\frac{\mathrm{d}}{\mathrm{d}t} \left[\begin{array}{c} x_1(t) \\ x_2(t) \end{array} \right] = \left[\begin{array}{cc} 0 & 1 \\ -3 - f_1 & -2 - f_2 \end{array} \right] \left[\begin{array}{c} x_1(t) \\ x_2(t) \end{array} \right] + \left[\begin{array}{c} 0 \\ 1 \end{array} \right] r(t)$$

$$y(t) = \left[\begin{array}{cc} 1 & 2 \end{array} \right] \left[\begin{array}{c} x_1(t) \\ x_2(t) \end{array} \right]$$

(3) $W(s) = \dfrac{2s+1}{s^2 + (2+f_2)s + (3+f_1)}$

(4) (3) で得られた分母多項式と2次標準形のそれとを係数比較することにより, 次式を得る.

$$\omega_n^2 = 3 + f_1 = 4$$
$$2\zeta\omega_n = 2 + f_2$$

よって，$f_1 = 1$，$f_2 = 0.4$ を得る．　　　　　　　　　　　　　　■

　フィードバック補償では，制御対象の伝達関数の分子多項式の根である零点を移動することはできないが，安定性や過渡特性などに大きく影響する分母多項式の根である極を移動できることが，この例題からわかった．

　以上の説明は，現代制御理論の入口を紹介するだけに留まったが，現代制御理論は古典制御理論にないさまざまな利点を（もちろん問題点も）持っている．興味ある読者は，現代制御についてさらに勉強してほしい．

本章のポイント

▼ 補償器（コントローラ）の接続法は，直列補償とフィードバック補償に分けられることを理解すること．

▼ 古典制御の基本は直列補償であり，現代制御の基本はフィードバック補償であることを認識すること．

▼ 周波数領域におけるループ整形法による制御系設計法を習得すること．

▼ PID 制御の考え方を理解すること．

▼ 参照モデル法を用いた I-PD 制御系の設計法を理解すること．

Control Quiz

14.1　式 (14.3) を導出しなさい．

14.2　式 (14.24) 〜 (14.27) を導出しなさい．

14.3　式 (14.46) 〜 (14.49) を導出しなさい．

14.4　図 14.26 のブロック線図の等価変換を確認しなさい．

14.5　伝達関数

$$P(s) = \frac{1}{1 + 4s + 2.4s^2 + 0.448s^3 + 0.0256s^4}$$

で記述される制御対象に対して，参照モデル法を用いて I-PD 補償器を設計しなさい．そして，設計された制御系のステップ応答を描き，制御性能について考察しなさい．

第15章 期末試験

本書を学習した総まとめとして期末試験問題を解いてみよう.

1　長さ l, 質量 m の振子にトルク $T(t)$ を印加すると, 振子の角度 $\theta(t)$ は, $\theta \approx 0$ では,

$$\frac{\mathrm{d}^2\theta(t)}{\mathrm{d}t^2} + \frac{g}{l}\theta(t) = u(t)$$

を満たす. ただし, g は重力加速度であり, $u(t) = T(t)/ml^2$ とおいた. このとき, 次の問いに答えなさい.

(1) 入力を $u(t)$, 出力を $y(t) = \theta(t)$ としたシステムの伝達関数 $G(s)$ を求めなさい.

(2) $x_1(t) = \theta(t)$, $x_2(t) = \dot{\theta}(t)$ とするとき, それらに対応する状態空間表現の係数 $\boldsymbol{A}, \boldsymbol{b}, \boldsymbol{c}, d$ を求めなさい.

(3) このシステムの固有周波数 ω_n と減衰比 ζ を求めなさい.

(4) このシステムのインパルス応答 $g(t)$ を計算しなさい.

(5) (4)で求めたインパルス応答 $g(t)$ を用いて, このシステムの安定性を調べなさい.

2　次の問いに答えなさい.

(1) 1入力1出力 n 状態の線形システムの状態空間表現を正確に書きなさい.

(2) 状態空間表現の係数が,

$$\boldsymbol{A} = \begin{bmatrix} 0 & 1 \\ -5 & -4 \end{bmatrix}, \quad \boldsymbol{b} = \begin{bmatrix} 0 \\ 1 \end{bmatrix}, \quad \boldsymbol{c}^T = \begin{bmatrix} 1 & 0 \end{bmatrix}, \quad d = 0$$

で与えられるとき,

252　第15章　期末試験

(a) このシステムの伝達関数 $G(s)$ を求めなさい.

(b) このシステムの状態遷移行列 e^{At} を計算しなさい.

(c) このシステムのインパルス応答を計算して，それを図示しなさい.

3　伝達関数が

$$G(s) = \frac{100s + 1}{s(s + 0.1)(0.1s + 1)}$$

で与えられる制御対象について，次の問いに答えなさい.

(1) $G(s)$ を基本要素の積の形に分解しなさい.

(2) この伝達関数のボード線図を描きなさい．ただし，ゲイン線図は折線近似法を用いて描き，位相線図は概形を描きなさい.

4　制御対象 $P(s)$ とコントローラ $C(s)$ がそれぞれ

$$P(s) = \frac{1}{s(s + 1)}, \quad C(s) = \frac{K(Ts + 1)}{0.01s + 1}, \qquad K > 0, \quad T > 0$$

で与えられる直結フィードバック制御系について，次の問いに答えなさい.

(1) このフィードバックシステムが安定になるために，K と T が満たすべき不等式を導きなさい.

(2) ゲイン K をいくら大きくしても，このフィードバック制御系が不安定にならない T の範囲を求めなさい.

(3) $T = 0.1$，$K = 1$ としたとき，一巡伝達関数 $L(s)$ のボード線図（ゲインと位相）を描きなさい.

(4) (3)で描いたボード線図を用いて，(2)の状況を考察しなさい.

5　図15.1に示す，外乱を含むフィードバック制御系において，

$$P(s) = \frac{1}{s(s + 0.1)(s + 9.9)}, \qquad C(s) = K$$

とする．このとき，次の問いに答えなさい．ただし，数式は降べきの順で記述しなさい.

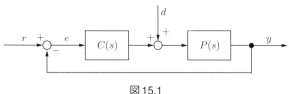

図15.1

(1) 一巡伝達関数 $L(s)$ を求めなさい．
(2) r から y までの閉ループ伝達関数 $W(s)$ を求めなさい．
(3) (2)で求めた閉ループシステムが安定になる K の範囲を求めなさい．
(4) d から e までの伝達関数を計算しなさい．
(5) d が単位ステップ外乱のとき，定常位置偏差の大きさを 0.5 より小さくしたいとする．このとき，K の範囲を求めなさい．ただし，$r=0$ とする．

6 一巡伝達関数が

$$L(s) = \frac{K}{s(s+10)}$$

である直結フィードバック制御系を考える．このとき，次の問いに答えなさい．

(1) $K=16$ としたとき，
    (a) 閉ループ伝達関数 $W(s)$ を求めなさい．
    (b) 閉ループシステムの固有周波数 ω_n と減衰比 ζ を求めなさい．
    (c) $W(s)$ のボード線図を描きなさい．
    (d) この閉ループシステムの特徴を定量的に述べなさい．
(2) K を 100, 1000 と増加させていくと，(1)-(c) で描いたゲイン線図がどのようになるかを図中に示し，その結果について考察しなさい．

7 直結フィードバック制御系において，

$$P(s) = \frac{10}{(s+1)(s+10)}, \qquad C(s) = \frac{K}{s}$$

とするとき，次の問いに答えなさい．

(1) このコントローラ $C(s)$ の名称を答えなさい．

(2) 閉ループ伝達関数 $W(s)$ を求めなさい.

(3) このシステムの型を答えなさい.

(4) フィードバックシステムが安定になるための K の範囲を求めなさい.

(5) 目標値 r がランプ信号のとき, 定常偏差が0.2以下になるように K の範囲を求めなさい.

8 直結フィードバック制御系において,

$$P(s) = \frac{1}{s(s+2)}, \qquad C(s) = K_P + \frac{K_I}{s}$$

とする. このコントローラ $C(s)$ の名称を答えなさい. 次に, このフィードバック制御系が安定となる K_P, K_I の範囲を求めなさい.

9 直結フィードバック制御系を考え, その一巡伝達関数を

$$L(s) = \frac{1}{s(s+1)}$$

とする. 目標値として $r(t) = \sin t$ を入力したとき, 出力 $y(t)$ を求めなさい.

10 次の問いに答えなさい.

(1) 線形システムを特徴付ける二つの原理を挙げ, 簡単に説明しなさい.

(2) スモールゲイン定理の条件 $|L(j\omega)| < 1, \forall \omega$ は十分条件であること, すなわち, この条件を満たさなくても, 安定なフィードバックシステムが存在することを, 具体的な例を用いて示しなさい.

11 図15.2に示すゲイン特性を持つ LTI システムについて, 次の問いに答えなさい. ただし, 図において $a = 20$ dB, $\omega_1 = 1$ rad/s, $\omega_2 = 10$ rad/s とする.

(1) 図15.2のゲイン特性を持つ伝達関数 $G(s)$ を求めなさい. ただし, 図15.2は折線近似法を用いて作図されている. また, 対象は最小位相系（s 平面の右半平面に零点を持たないシステムのこと）とする.

(2) (1)で得られた伝達関数 $G(s)$ からインパルス応答 $g(t)$ を計算しなさい.

(3) (1)で得られた伝達関数 $G(s)$ を状態空間表現に変換しなさい.

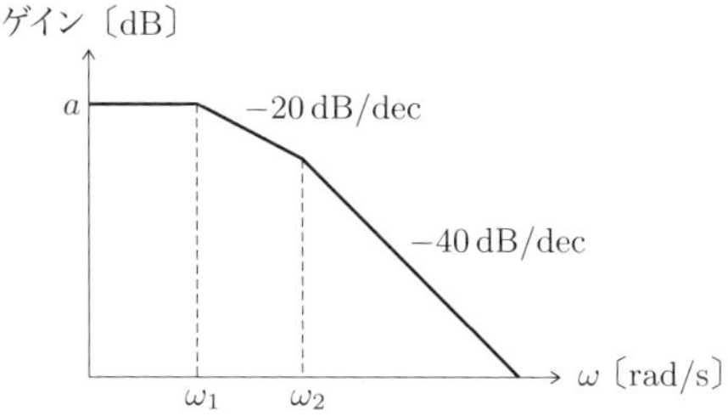

ゲイン〔dB〕

（図省略）

図 15.2

(4) (3)で求めた状態空間表現を伝達関数に変換し，(1)で求めたものと一致することを確かめなさい．

12 LTI システムが

$$\frac{\mathrm{d}}{\mathrm{d}t}\boldsymbol{x}(t) = \boldsymbol{A}\boldsymbol{x}(t) + \boldsymbol{b}u(t), \quad \boldsymbol{x}(0) = \boldsymbol{x}_0$$

$$y(t) = \boldsymbol{c}^T\boldsymbol{x}(t)$$

のように状態空間表現されるとき，次の問いに答えなさい．ただし，

$$\boldsymbol{A} = \left[\begin{array}{cc} 0 & 1 \\ -4 & -5 \end{array}\right], \quad \boldsymbol{b} = \left[\begin{array}{c} 0 \\ 1 \end{array}\right], \quad \boldsymbol{c} = \left[\begin{array}{c} 1 \\ 0 \end{array}\right], \quad \boldsymbol{x}_0 = \left[\begin{array}{c} 1 \\ 0 \end{array}\right]$$

とする．

(1) このシステムの伝達関数を計算しなさい．

(2) このシステムの状態遷移行列 $e^{\boldsymbol{A}t}$ を計算しなさい．

(3) このシステムの単位ステップ応答を計算しなさい．

(4) (3)で計算した単位ステップ応答の概形が正しいかどうかをチェックする簡便な方法を示しなさい．

(5) このシステムの減衰比 ζ と固有周波数 ω_n を計算しなさい．

(6) この状態方程式の $\boldsymbol{A}$ 行列の固有値を計算し，それが何を意味するのかを述べなさい．

13 状態空間表現の係数が次のように与えられているとする.

$$A = \begin{bmatrix} 1 & -1 \\ 1 & 1 \end{bmatrix}, \quad b = \begin{bmatrix} 0 \\ 1 \end{bmatrix}, \quad c = \begin{bmatrix} 1 \\ 0 \end{bmatrix}$$

このとき，次の問いに答えなさい．

(1) システム行列 A を対角化し，対角行列 $\bar{A}$ を求めなさい．ただし，T を正則変換行列とし，$\bar{A} = T^{-1}AT$ とする．

(2) (1)で用いた正則変換行列 T を使って，b と c を変換し，$\bar{b}$ と $\bar{c}$ を求めなさい．

(3) もとのシステム (A, b, c) と正則変換された新しいシステム $(\bar{A}, \bar{b}, \bar{c})$ の伝達関数をそれぞれ計算し，両者が等しいことを確かめなさい．

14 図15.3に示すフィードバック制御系について，次の問いに答えなさい．

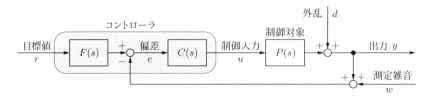

図15.3

(1) 図において，このフィードバック制御系の外部からの入力は，外乱 d，目標値 r，測定雑音 w の三つであり，外部への出力は y の一つである．いま，y を d, r, w の関数として記述すると，

$$y(s) = S(s)d(s) + T(s)F(s)r(s) - T(s)w(s)$$

が得られる．ここで，$S(s)$ は感度関数，$T(s)$ は相補感度関数である．このとき，$S(s)$ と $T(s)$ を，一巡伝達関数 $L(s) = P(s)C(s)$ を用いて表しなさい．

(2) 偏差 e を d, r, w の関数として記述しなさい．

(3) 制御入力 u を d, r, w の関数として記述しなさい．

(4) $S(s)$ と $T(s)$ の間に成り立つ恒等式を導きなさい．そして，典型的な $|S(j\omega)|$ と $|T(j\omega)|$ の概形を図示し，その図について考察しなさい．

15 図15.4に示す直結フィードバック制御系について，次の問いに答えなさい．ただし，

$$P(s) = \frac{5}{2s+1}, \qquad C(s) = K, \quad K > 0$$

とする．

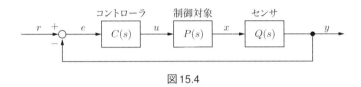

図15.4

(1) センサの伝達関数を

$$Q(s) = \frac{1}{Ts+1}$$

とする．このとき，センサの時定数 T がどのような値をとる場合に，良いセンサであると言えるのだろうか？ 周波数領域で考察しなさい．

(2) 次の伝達関数を計算しなさい．

  (a) 一巡伝達関数 $L(s)$
  (b) 閉ループ伝達関数 $W(s)$ （r から y までの伝達関数）
  (c) r から e までの伝達関数

(3) 目標値 r として単位ステップ信号を印加する．このとき，単位ステップ応答の定常偏差が 5 % 以下になるようなコントローラのゲイン K の範囲を求めなさい．

(4) 閉ループシステムの周波数伝達関数 $W(j\omega)$ を計算しなさい．そして，そのゲイン特性 $|W(j\omega)|$ と位相特性 $\angle W(j\omega)$ を計算しなさい．

(5) 閉ループ伝達関数のゲイン特性がすべての周波数帯域において 1 以下，すなわち，

$$|W(j\omega)| < 1, \; \forall \omega \quad \Leftrightarrow \quad \|W\|_\infty < 1$$

が成り立つような比例ゲイン K の範囲を，センサの時定数 T を用いて表したい．次の方法で求めなさい．

(a) 閉ループシステムは2次遅れ系なので，その定常ゲインが1以下で，減衰比 ζ が $1/\sqrt{2}$ より大きければ，常に $|W(j\omega)| < 1$ が成り立つ．この条件より，範囲を導きなさい．ただし，これは十分条件である．

(b) $|W(j\omega)| < 1, \forall \omega$ を厳密に解くことによって，範囲を導きなさい．

(6) (3)の条件と(5)-(a)の条件を同時に満たすような比例ゲイン K が存在するための，センサの時定数 T の範囲を求めなさい．ただし，(1)で考察したことを利用しなさい．

16 図15.5に示す直結フィードバック制御系を考える．ここで，τ はむだ時間であり，$\tau = 1$ とする．また，

$$P(s) = \frac{10}{s+1}, \quad C(s) = K, \quad K > 0$$

とする．

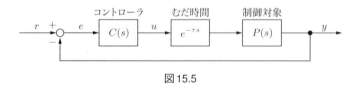

図15.5

このとき，次の問いに答えなさい．

(1) このフィードバックシステムの一巡伝達関数 $L(s)$ を求めなさい．

(2) 一巡伝達関数の周波数伝達関数 $L(j\omega)$ を計算し，そのゲイン特性と位相特性を求めなさい．

(3) $L(j\omega)$ の位相が $-\pi$ となる最小の周波数を ω_π とする．このとき，このフィードバック系が安定であるための比例ゲイン K の範囲を，ナイキストの安定判別法により，ω_π を用いて表しなさい．

(4) むだ時間 τ の大きさとフィードバック系の安定性の関係について述べなさい．

付録A Control Quiz の解答

第1章

1.1 たとえば，モータの回転角度を制御するフィードバックシステムのブロック線図を図A.1に示す．

図A.1

1.2 $L(s) = \dfrac{8}{s(s+6)}$, $W(s) = \dfrac{8}{s^2+6s+8}$

第2章

2.1 $z_1 = 2e^{j\pi/3}$, $z_2 = 3\sqrt{2}e^{j\pi/4}$, $z_1 z_2 = 6\sqrt{2}e^{j7\pi/12}$, $\dfrac{z_1}{z_2} = \dfrac{\sqrt{2}}{3}e^{j\pi/12}$

2.2 (1) $\dfrac{1}{s+a} + \dfrac{1}{s+b}$ (2) $\dfrac{a}{s+b}$ (3) $\dfrac{\omega\cos\theta + s\sin\theta}{s^2+\omega^2}$ (4) $\dfrac{a}{s^2-a^2}$
(5) $\dfrac{s}{s^2-a^2}$ (6) $\dfrac{1}{s^2(s-3)}$ (7) $\dfrac{1}{s^2(s^2+25)}$ (8) $\dfrac{1}{s(s^2+25)}$
(9) $\dfrac{\omega/T}{s^2+(\omega/T)^2}$

2.3 (1) $(0.5 - e^{-t} + 0.5e^{-2t})u_s(t)$ (2) $(0.5 - 0.5e^{-2t} - te^{-t})u_s(t)$
(3) $e^{-t}\cos 2t\, u_s(t)$ (4) $\delta(t) - 4e^{-5t}u_s(t)$ (5) $(\cos\omega t * \sin\omega t)u_s(t)$
(6) $\left\{ \dfrac{e^{-at}}{(a+b)^2} - \dfrac{e^{bt}}{(a+b)^2} + \dfrac{te^{bt}}{a+b} \right\} u_s(t)$

2.4 $x(t) = (e^{-t} - 2e^{-2t})u_s(t)$

2.5 まず，
$$X(s) = \frac{1}{\Delta}\frac{1}{s} - \frac{1}{\Delta}\frac{1}{s}e^{-\Delta s} = \frac{1-e^{-\Delta s}}{s\Delta}$$

が得られる．次に，$\Delta \to 0$ の極限をとると，次式が得られる．

$$\lim_{\Delta \to 0} \frac{1-e^{-\Delta s}}{s\Delta} = \lim_{\Delta \to 0} \frac{se^{-\Delta s}}{s} = 1$$

2.6 $G(s) = (1 + e^{-Ts} + e^{-2Ts} + \cdots)F(s) = \dfrac{1}{1-e^{-Ts}}F(s)$

第3章

3.1 $y(t) = \dfrac{1}{a}(1-e^{-at})u_s(t)$．インパルス応答 $g(t)$ とステップ応答 $y(t)$ を図A.2に示す．

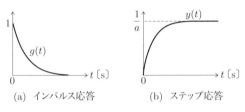

(a) インパルス応答　　(b) ステップ応答

図A.2

3.2 たとえば，図A.3に示すRC回路を考える．ここで，入力 $u(t)$ を1次側の端子電圧，出力 $y(t)$ を2次側の端子電圧とする．

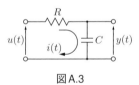

図A.3

キルヒホッフの電圧則を利用することにより，次の微分方程式が得られる．

$$RC\frac{\mathrm{d}y(t)}{\mathrm{d}t} + y(t) = u(t)$$

3.3 略

3.4 たとえば，3.2 で扱ったRC回路の抵抗は，温度によって変化する．すなわち，朝と昼では抵抗値が異なる．そのため，厳密に考えると，3.2 のRC回路は時変システムである．ただし，通常，その変化の割合は小さいので，時変ではなく，時不変システムとして扱う．一方，人工衛星では，太陽に当たっているときと，そ

うでないときとで，その温度差は100℃以上になるので，人工衛星に搭載されたRC回路は時変システムとして取り扱う必要があるだろう．

第4章

4.1 (1) ステップ応答は次式となる．概形を図A.4 (a) に示す．
$$f(t) = 10(1 - e^{-10t})u_s(t)$$

(2) ステップ応答は
$$f(t) = (1.5 - 2e^{-t} + 0.5e^{-2t})u_s(t)$$

となる．少し計算することにより，このステップ応答は0から1に単調増加することがわかる．概形を図A.4 (b) に示す．

(3) ステップ応答は，
$$f(t) = 10(1 - e^{-(t-2)})u_s(t-2)$$

となり，むだ時間が2のステップ応答になる（図A.4 (c)）．

(4) ステップ応答は，
$$f(t) = \left\{1 - e^{-0.5t}\left(\cos\frac{\sqrt{3}}{2}t + \frac{1}{\sqrt{3}}\sin\frac{\sqrt{3}}{2}t\right)\right\}u_s(t)$$

となり，振動的なステップ応答になる（図A.4 (d)）．

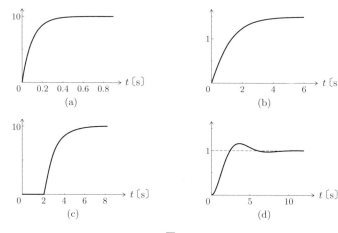

図A.4

4.2 r から y までの伝達関数は次のようになる．

$$\frac{G(s)\{C_F(s)+C_B(s)\}}{1+G(s)\{H(s)+C_B(s)\}}$$

4.3 (1) $W(s) = \dfrac{K_1 G(s)}{s\{1+K_2 G(s)\}+K_1 G(s)} = \dfrac{K_1}{s^2 + \dfrac{1+10K_2}{10}s + K_1}$

(2) $K_1 = 100$, $K_2 = 11.9$

4.4 (1) 略．ヒント：$\cosh\theta = 0.5(e^\theta + e^{-\theta})$, $\sinh\theta = 0.5(e^\theta - e^{-\theta})$ を利用する．
(2) 略．ヒント：$\cosh j\theta = \cos\theta$, $\sinh j\theta = j\sin\theta$ を利用する．
(3), (4) 略

4.5 ステップ応答の方程式 $f(t) = 1 - e^{-t/T}$ の原点における接線の方程式は，$y = t/T$ となるので，これが $y = 1$ と交わる時刻は $t = T$ となる．

第5章

5.1 (1) 与えられた伝達関数は位相遅れ要素と位相進み要素の積である．折線近似法を用いて描いたボード線図を図A.5に実線で示す．なお，図中の破線はMATLABを用いて描いたものである．

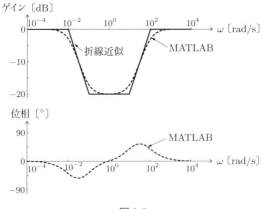

図A.5

(2) 基本伝達関数の積に分解すると，

$$G_2(s) = \frac{1}{10}\frac{1}{s}\frac{1}{s+1}(0.1s+1)\frac{1}{0.01s+1}$$

となるので，それぞれのゲイン特性を描き，足し合わせると，図 A.6 のゲイン線図が得られる．また，位相線図については，ゲインの傾きに応じて位相遅れを直線で描き，それを滑らかな曲線で結んで概形を描いた．

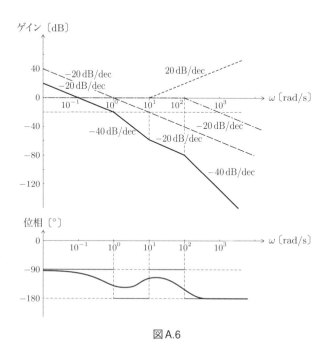

図 A.6

5.2　(1) $\|G_1\|_\infty = 1$　(2) $\|G_2\|_\infty = 5.025$　(3) $\|G_3\|_\infty = \infty$

5.3　ナイキスト線図を図 A.7 に示す．

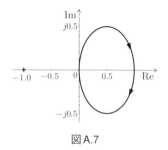

図 A.7

5.4　$y_1(t) = \sin 0.001t$，$y_2(t) = 0.02\sin(10t - 90°)$

264　付録A　Control Quiz の解答

第6章

6.1　$\dfrac{\mathrm{d}}{\mathrm{d}t}\begin{bmatrix} v(t) \\ i(t) \end{bmatrix} = \begin{bmatrix} 0 & \dfrac{1}{C} \\ -\dfrac{1}{L} & -\dfrac{R}{L} \end{bmatrix}\begin{bmatrix} v(t) \\ i(t) \end{bmatrix} + \begin{bmatrix} 0 \\ \dfrac{1}{L} \end{bmatrix}u(t)$

$y(t) = \begin{bmatrix} 0 & 1 \end{bmatrix}\begin{bmatrix} v(t) \\ i(t) \end{bmatrix}$

6.2　(1)　$e^{\boldsymbol{A}t} = \begin{bmatrix} 3e^{-2t} - 2e^{-3t} & e^{-2t} - e^{-3t} \\ -6e^{-2t} + 6e^{-3t} & -2e^{-2t} + 3e^{-3t} \end{bmatrix}u_s(t)$

(2)　$e^{\boldsymbol{A}t} = \begin{bmatrix} e^{-t}(\cos 2t - 2\sin 2t) & 2e^{-t}\sin 2t \\ -0.4e^{-t}\sin 2t & e^{-t}(\cos 2t + 2\sin 2t) \end{bmatrix}u_s(t)$

6.3　(1)　$e^{\boldsymbol{A}t} = \begin{bmatrix} 1.5e^{-t} - 0.5e^{-3t} & 0.5e^{-t} - 0.5e^{-3t} \\ -1.5e^{-t} + 1.5e^{-3t} & -0.5e^{-t} + 1.5e^{-3t} \end{bmatrix}u_s(t)$

(2)　$y(t) = \left(\dfrac{1}{3} + \dfrac{1}{2}e^{-t} - \dfrac{5}{6}e^{-3t}\right)u_s(t)$　　(3)　$\dfrac{2s+1}{s^2 + 4s + 3}$

6.4　$\boldsymbol{T} = \begin{bmatrix} 1 & 1 \\ -1 & -3 \end{bmatrix}$,　$\boldsymbol{T}^{-1} = \begin{bmatrix} 1.5 & 0.5 \\ -0.5 & -0.5 \end{bmatrix}$

これより，次式が得られる．

$$\bar{\boldsymbol{A}} = \begin{bmatrix} -1 & 0 \\ 0 & -3 \end{bmatrix}, \quad \bar{\boldsymbol{b}} = \begin{bmatrix} 0.5 \\ -0.5 \end{bmatrix}, \quad \bar{\boldsymbol{c}}^T = \begin{bmatrix} -1 & -5 \end{bmatrix}$$

第8章

8.1　略

第9章

9.1　(1)　不安定極を二つ持つ不安定系　　(2)　安定

(3)　虚軸上に二つの複素共役極を持つ不安定系

9.2　この問題には読者の数に近い解答が存在する．ほとんどの生年月日は不安定になるだろう．

9.3　$a > -2$, $0 < b < 2a + 4$. a, b の範囲を図A.8に示す．

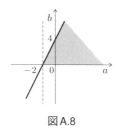

図 A.8

第10章

10.1 　(1) $0 < K < 15$ 　　(2) $K > 7.5$

10.2 　(1) $0 < K < 7.5$

(2) $K = 7.5$．安定限界のとき $\omega = \sqrt{12.5}$ の正弦波で持続振動する．

第11章

11.1 　$T_s = \dfrac{\log_{10} 50}{\zeta \omega_n} \approx \dfrac{3.91}{\zeta \omega_n}$

11.2 　それぞれの根軌跡を図 A.9 に示す．図より，(1) の3次系はゲイン K を大きくしていくと不安定になるが，(2) の3次系はゲイン K を大きくしていっても不安定にならないことがわかる．

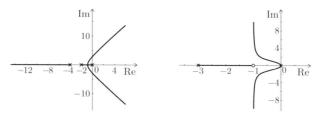

図 A.9

11.3 　それぞれの根軌跡を図 A.10 に示す．(1) は2次系であるため，周波数を増加させていっても位相が $-180°$ より遅れない．よって，安定である．一方，(2) は3次系であるため，周波数を増加させていくと位相が $-270°$ になってしまう．したがって，このシステムでは K を増加させていくと不安定になる．

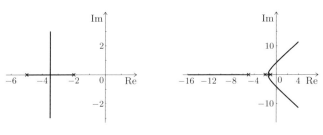

図 A.10

第 12 章

12.1 (a) $\varepsilon_r = 0$, $\varepsilon_d = 0.2$ (b) $\varepsilon_r = \varepsilon_d = 0$

12.2 (1) $e(s) = \dfrac{s+1}{s+K+1}r(s) - \dfrac{1}{s+K+1}d(s)$

(2) (a) $y(t) = 0.01 \sin t$

(b) $K = 0$ の場合は, $y(s) = \dfrac{1}{s+1}d(s)$ となり, $\omega = 1$ におけるゲイン特性と位相特性はそれぞれ 0.707, $-45°$ となる. よって, $K = 99$ と $K = 0$ の場合の偏差信号の振幅の比は, $0.01/0.707 = 0.014$ となり, フィードバック制御を施すことにより, 外乱の影響を 0.014 倍に低減できる.

第 13 章

13.1 2 次遅れ系の標準形の ω_n は原点からの距離を表すので, その逆数をある値より小さくするためには, 原点を中心とした半径 ω_n の円の外側に極が存在しなければならない.

13.2 2 次遅れ系の標準形において, $\zeta\omega_n$ は極の負の実部を表すので, その逆数をある値より小さくするためには, 直線 $z = -\zeta\omega_n$ より左側に極が存在しなければならない.

第 14 章

14.1 $\log_{10}\omega_m = \dfrac{\log_{10}\dfrac{1}{T} + \log_{10}\dfrac{1}{aT}}{2}$ より, $\omega_m^2 = \dfrac{1}{aT^2}$ を得る.
これより, $\omega_m = \dfrac{1}{T\sqrt{a}}$ となる.

14.2 略

14.3 略

14.4 略

14.5 参照モデル法を用いて設計すると，$\sigma = 0.933$, $k = 19.68$, $f_0 = 17.37$, $f_1 = 4.57$ が得られる．制御対象のステップ応答と I-PD 制御系のステップ応答を比較した結果を図 A.11 に示す．I-PD 制御を施すことにより，速応性が改善されていることがわかる．

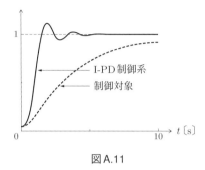

図 A.11

付録B 中間試験の解答

1 (1) $1.5(e^{-t} - e^{-3t})u_s(t)$ (2) $e^{-2t}(\cos 3t + \sin 3t)u_s(t)$
(3) $(2e^{-t} - te^{-2t} - 2e^{-2t})u_s(t)$

2 (1) $G(s) = \dfrac{2s+11}{s^2 + 11s + 10}$ (2) 極は $s = -1, -10$, 零点は $s = -\dfrac{11}{2}$

(3) $G(s) = 1.1 \dfrac{1}{s+1} \dfrac{1}{0.1s+1} \left(\dfrac{2}{11}s + 1\right)$. これより，この伝達関数は，比例要素 1.1，時定数 1 の 1 次遅れ要素，時定数 0.1 の 1 次遅れ要素，そして，時定数 2/11 の 1 次進み要素からなる．

3 $G(s) = \dfrac{13}{s^2 + 6s + 13}$. 極は $s = -3 \pm j2$ であり，それを s 平面上にプロットしたものを図 B.1 に示す．図において，固有周波数 ω_n は原点から極までの距離である．

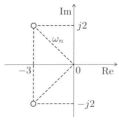

図 B.1

4 (a) $u(s) = \dfrac{1 - e^{-s}}{s}$, $y(t) = (1 - e^{-t})u_s(t) - (1 - e^{-(t-1)})u_s(t-1)$
このときの応答波形 $y(t)$ を図 B.2 に示す．

(b) $u(s) = \dfrac{1 - 2e^{-s} + e^{-2s}}{s}$
$y(t) = (1 - e^{-t})u_s(t) - 2(1 - e^{-(t-1)})u_s(t-1) + (1 - e^{-(t-2)})u_s(t-2)$

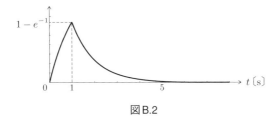

図 B.2

(c) $u(s) = \dfrac{1 - e^{-s}(s+1)}{s^2},\ y(t) = (e^{-t} + t - 1)u_s(t) - (t-1)u_s(t-1)$

5 (1) $\dfrac{P(s)}{1+fP(s)} = \dfrac{1}{10s + (1+f)}$ (2) $L(s) = \dfrac{K}{10s^2 + (1+f)s}$

(3) $\dfrac{1}{1+L(s)} = \dfrac{10s^2 + (1+f)s}{10s^2 + (1+f)s + K}$ (4) $W(s) = \dfrac{\dfrac{K}{10}}{s^2 + \dfrac{1+f}{10}s + \dfrac{K}{10}}$

(5) $f = 19,\ K = 10$

(6) f は速度フィードバック制御の係数であり，閉ループシステムの安定性と減衰性を向上させる役割をする．K は位置フィードバック制御の係数であり，K を増加させると固有周波数 ω_n が増加することから，応答特性（応答の速さ）を増加させる役割をする．

6 (1) $G(s) = \dfrac{1}{s+0.1} = \dfrac{10}{10s+1},\ T = 10,\ K = 10,\ 極は\ s = -0.1$

(2) $G(j\omega) = \dfrac{10}{1+j\omega 10} = \dfrac{10}{1+100\omega^2}(1 - j10\omega)$ より，

$g(\omega) = 20\log_{10}\dfrac{10}{\sqrt{1+100\omega^2}},\ \angle G(j\omega) = -\arctan 10\omega$

(3) 折線近似法により描いたボード線図を図 B.3 に示す．

7 (1) $G(s) = 10\dfrac{1}{s}\dfrac{1}{10s+1}\dfrac{1}{0.1s+1}(s+1)$

(2) 折線近似法により描いたボード線図を図 B.4 に示す．

(3) $y(t) = 10^4 \sin\left(10^{-3}t - 90°\right) + 10^{-5}\sin(10^3 t - 180°)$

8 (1) $e^{\boldsymbol{A}t} = \dfrac{1}{9}\begin{bmatrix} 10e^{-t} - e^{-10t} & e^{-t} - e^{-10t} \\ -10e^{-t} + 10e^{-10t} & -e^{-t} + 10e^{-10t} \end{bmatrix} u_s(t)$

(2) $G(s) = \dfrac{1}{s^2 + 11s + 10}$

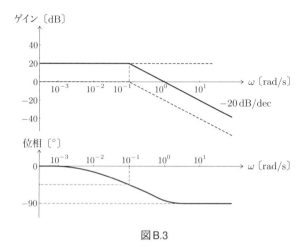

図 B.3

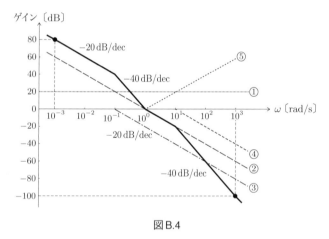

図 B.4

(3) このシステムは2次遅れ系であり，その固有周波数は $\omega_n = \sqrt{10}$，減衰比は $\zeta = 11/(2\sqrt{10})$ である．減衰比が $\zeta > 1$ なので過制動であり，このシステムは二つの1次遅れ系 $1/(s+1)$ と $1/(s+10)$ の直列接続で構成される．

9 (1) $e^{\boldsymbol{A}t} = \begin{bmatrix} e^{-t} & 0 \\ e^{-t} - e^{-2t} & e^{-2t} \end{bmatrix} u_s(t)$

(2) $G(s) = \dfrac{s+3}{s^2 + 3s + 2}$

(3) $\boldsymbol{x}(t) = \begin{bmatrix} 1 - 2e^{-t} \\ 0.5 - 2e^{-t} + 2.5e^{-2t} \end{bmatrix} u_s(t)$

$y(t) = \boldsymbol{c}^T \boldsymbol{x}(t) = (1.5 - 4e^{-t} + 2.5e^{-2t})u_s(t)$

(4) $\displaystyle \lim_{t \to \infty} y(t) = 1.5$

<u>10</u>　まず，システムの極が s 平面の左半平面にあると，そのシステムは安定である（これについては第8章以降で詳細に説明する）．次に，2次遅れ系の例から明らかなように，システムの極の位置から，固有周波数 ω_n に対応するシステムの応答の速さや，減衰比 ζ に対応するシステムの減衰性を知ることができる．たとえば，s 平面の左半平面において原点から遠い極のほうが固有周波数が高いので，応答特性が速くなる．また，s 平面の左半平面において虚軸に近い極ほど減衰性が悪く，虚軸から離れるにつれて減衰性は向上する．

付録C 期末試験の解答

$\boxed{1}$ (1) $G(s) = \dfrac{1}{s^2 + \dfrac{g}{l}}$

(2) $\boldsymbol{A} = \begin{bmatrix} 0 & 1 \\ -\dfrac{g}{l} & 0 \end{bmatrix}$, $\boldsymbol{b} = \begin{bmatrix} 0 \\ 1 \end{bmatrix}$, $\boldsymbol{c} = \begin{bmatrix} 1 \\ 0 \end{bmatrix}$, $d = 0$

(3) $\omega_n = \sqrt{\dfrac{g}{l}}$, $\zeta = 0$ (4) $g(t) = \sqrt{\dfrac{l}{g}} \sin\sqrt{\dfrac{g}{l}}\, t\, u_s(t)$

(5) (4) で求めたインパルス応答に対して，$\displaystyle\int_0^\infty |g(t)|\mathrm{d}t$ を計算すると，無限大に発散する．よって，絶対可積分ではないので，このシステムは不安定である．

$\boxed{2}$ (1) 1入力1出力システムの状態空間表現の標準形は，次式で与えられる．

$$\dfrac{\mathrm{d}}{\mathrm{d}t}\boldsymbol{x}(t) = \boldsymbol{A}\boldsymbol{x}(t) + \boldsymbol{b}u(t)$$
$$y(t) = \boldsymbol{c}^T \boldsymbol{x}(t) + du(t)$$

ここで，$u(t)$ は入力（スカラ），$y(t)$ は出力（スカラ），$\boldsymbol{x}(t)$ は n 次元状態ベクトルである．また，$\boldsymbol{A}$ は $n \times n$ 行列であり，$\boldsymbol{b}, \boldsymbol{c}$ は n 次元列ベクトル，d はスカラである．

(2) (a) $G(s) = \dfrac{1}{s^2 + 4s + 5}$

(b) $e^{\boldsymbol{A}t} = e^{-2t} \begin{bmatrix} \cos t + 2\sin t & \sin t \\ -5\sin t & \cos t - 2\sin t \end{bmatrix} u_s(t)$

(c) $g(t) = e^{-2t} \sin t\, u_s(t)$ となる．その波形を図 C.1 に示す．

$\boxed{3}$ (1) $G(s) = 10 \dfrac{1}{s} \dfrac{1}{10s+1} \dfrac{1}{0.1s+1} (100s+1) = g_1(s)g_2(s)g_3(s)g_4(s)g_5(s)$

(2) 折線近似法によるゲイン線図と MATLAB を用いて作図したボード線図を図 C.2 に示す．

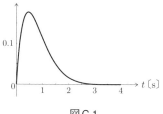

図C.1

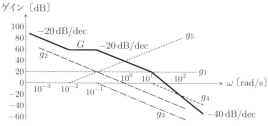

(a) 折線近似法により作図したゲイン線図

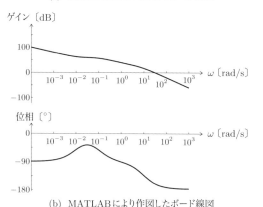

(b) MATLABにより作図したボード線図

図C.2

4 (1) 解1：$\dfrac{K(1-101T)}{101} < 1$，解2：$T \geq \dfrac{1}{101}$ のとき $K > 0$，$T < \dfrac{1}{101}$ のとき $K < \dfrac{101}{1-101T}$ (2) $T > \dfrac{1}{101} = 0.00990099\cdots$

(3) $L(s) = \dfrac{10(s+10)}{s(s+1)(s+100)}$．このボード線図を図C.3に示す．

(4) (3)では $K=1$ のときの一巡伝達関数のボード線図を示した．図より明らかなように，位相は $-180°$ より遅れないので，常に位相余裕は正であり，フィードバック

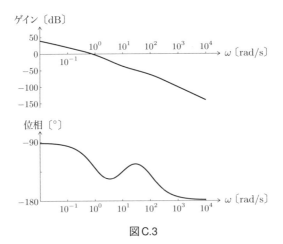

図 C.3

システムは安定である．なお，$T = 0.1$ は (2) で導出した T の条件を満足している．

5 (1) $L(s) = \dfrac{K}{s^3 + 10s^2 + 0.99s}$ (2) $W(s) = \dfrac{K}{s^3 + 10s^2 + 0.99s + K}$

(3) $0 < K < 9.9$ (4) $\dfrac{e}{d} = -\dfrac{1}{s^3 + 10s^2 + 0.99s + K}$ (5) $2 < K < 9.9$

6 (1) (a) $W(s) = \dfrac{16}{s^2 + 10s + 16} = \dfrac{1}{(0.5s + 1)(0.125s + 1)}$

(b) $\omega_n = 4$, $\zeta = 1.25$

(c) ボード線図を図 C.4 に示す．

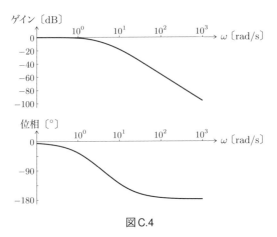

図 C.4

(d) たとえば，次のことが言える．(i) 図より，この閉ループシステムのバンド幅は約 2 rad/s である．(ii) この閉ループシステムは2次系で過制動なので，M ピーク値は 1 （= 0 dB）である．

(2) $K = 100, 1000$ と比例ゲイン K を増加させたときの閉ループ伝達関数のボード線図を図C.5に示す．図より，K を増加させると，バンド幅 ω_b が増加し，フィードバックシステムの速応性が向上する．その一方で，M ピーク値が増加し，システムが振動的になっていく．

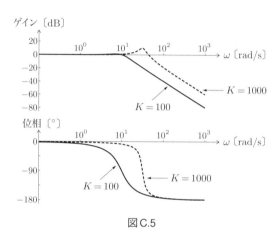

図C.5

7 (1) I 補償器   (2) $W(s) = \dfrac{10K}{s^3 + 11s^2 + 10s + 10K}$

(3) 1型   (4) $0 < K < 11$ (5) $5 \leq K < 11$

8 PI 補償器，あるいは位相遅れ補償器．$0 < K_I < 2K_P$．

9 $y(t) = \sin(t - 90°)$

10 (1) 二つの原理は，時間領域における「重ね合わせの理」と，周波数領域における「周波数応答の原理」である．それぞれについての説明は，本文を参考に作文せよ．

(2) たとえば，4 (3) で描いた一巡伝達関数のボード線図は，低域においてゲイン特性が 0 dB よりも大きいが，フィードバックシステムは安定である．

11 (1) $G(s) = \dfrac{10}{(s+1)(0.1s+1)} = \dfrac{100}{s^2 + 11s + 10}$

276 付録 C 期末試験の解答

(2) $g(t) = \dfrac{100}{9}(e^{-t} - e^{-10t})u_s(t)$

(3) 状態空間表現の一例を次に示す.

$$\frac{\mathrm{d}}{\mathrm{d}t}\left[\begin{array}{c} x_1(t) \\ x_2(t) \end{array}\right] = \left[\begin{array}{cc} 0 & 1 \\ -10 & -11 \end{array}\right]\left[\begin{array}{c} x_1(t) \\ x_2(t) \end{array}\right] + \left[\begin{array}{c} 0 \\ 100 \end{array}\right]u(t)$$

$$y(t) = \left[\begin{array}{cc} 1 & 0 \end{array}\right]\left[\begin{array}{c} x_1(t) \\ x_2(t) \end{array}\right]$$

(4) 略

12 (1) $G(s) = \dfrac{1}{s^2 + 5s + 4}$

(2) $e^{\boldsymbol{A}t} = \dfrac{1}{3}\left[\begin{array}{cc} 4e^{-t} - e^{-4t} & e^{-t} - e^{-4t} \\ -4e^{-t} + 4e^{-4t} & -e^{-t} + 4e^{-4t} \end{array}\right]u_s(k)$

(3) $y(t) = (0.25 + e^{-t} - 0.25e^{-4t})u_s(t)$

(4) たとえば，(1) で求めた伝達関数から，定常ゲインは

$$G(s)|_{s=0} = 0.25$$

である．一方，(3) で求めたステップ応答において，$t \to \infty$ とすると $y(\infty) = 0.25$ になるので，定常特性は正しく求められていることがわかる．

(5) $\zeta = 1.25$, $\omega_n = 2$

(6) $\det(s\boldsymbol{I} - \boldsymbol{A}) = s^2 + 5s + 4 = 0$ を解くと，固有値は $s = -1, -4$ となる．これは伝達関数の極と一致する．

13 (1) たとえば，

$$\boldsymbol{T} = \left[\begin{array}{cc} 1 & 1 \\ -j & j \end{array}\right], \qquad \boldsymbol{T}^{-1} = \dfrac{1}{2}\left[\begin{array}{cc} 1 & j \\ 1 & -j \end{array}\right]$$

とすると，次式が得られる．

$$\bar{\boldsymbol{A}} = \boldsymbol{T}^{-1}\boldsymbol{A}\boldsymbol{T} = \left[\begin{array}{cc} 1+j & 0 \\ 0 & 1-j \end{array}\right]$$

(2) $\bar{\boldsymbol{b}} = \boldsymbol{T}^{-1}\boldsymbol{b} = \left[\begin{array}{c} j0.5 \\ -j0.5 \end{array}\right]$, $\bar{\boldsymbol{c}}^T = \boldsymbol{c}^T\boldsymbol{T} = \left[\begin{array}{cc} 1 & 1 \end{array}\right]$

(3) 略

14 (1) $S(s) = \dfrac{1}{1+L(s)}$, $T(s) = \dfrac{L(s)}{1+L(s)}$

(2) $e(s) = F(s)S(s)r(s) - S(s)w(s) - S(s)d(s)$

(3) $u(s) = F(s)C(s)S(s)r(s) - C(s)S(s)w(s) - C(s)S(s)d(s)$

(4) (1)の結果より，次の恒等式が得られる．

$$S(s) + T(s) \equiv 1, \quad \forall s$$

たとえば，$L(s) = 1/s(s+1)$ とした場合，

$$S(s) = \frac{s^2+s}{s^2+s+1}, \qquad T(s) = \frac{1}{s^2+s+1}$$

となる．この場合の $|T(j\omega)|$ と $|S(j\omega)|$ を図 C.6 に示す．この図より，$S + T \equiv 1$ が成り立っており，ある周波数で S と T を同時に小さく（あるいは大きく）することはできないことがわかる．

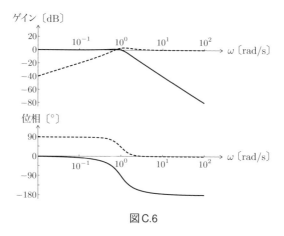

図 C.6

15 (1) 時定数 T が小さいほど，高周波数までゲインの大きさが 0 dB の値をとり続ける．すなわち，センサのバンド幅が高くなるので，速い動きまで測定できる．よって，T は小さいほうがよい．

(2) (a) $L(s) = \dfrac{5K}{2Ts^2 + (T+2)s + 1}$ (b) $W(s) = \dfrac{\dfrac{5K}{2T}}{s^2 + \dfrac{T+2}{2T}s + \dfrac{5K+1}{2T}}$

278   付録 C　期末試験の解答

(c) $\dfrac{1}{1+L(s)} = \dfrac{2Ts^2 + (T+2)s + 1}{2Ts^2 + (T+2)s + (5K+1)}$

(3) $K \geq 3.8$

(4) 閉ループシステムの周波数伝達関数は，

$$W(j\omega) = \frac{5K\{(5K + 1 - 2T\omega^2) - j\omega(T+2)\}}{(5K + 1 - 2T\omega^2)^2 + (T+2)^2\omega^2}$$

となる．これより，ゲインと位相は次のようになる．

$$|W(j\omega)| = \frac{5K}{\sqrt{4T^2\omega^4 + (T^2 - 20KT + 4)\omega^2 + (5K+1)^2}}$$

$$\angle W(j\omega) = -\arctan \frac{(T+2)\omega}{5K + 1 - 2T\omega^2}$$

(5) (a) $K < \dfrac{T^2 + 4}{20T}$　(b) $K < \dfrac{T^2 + 4}{20T} + \left(0.2 + \dfrac{\sqrt{2}}{10\sqrt{T}}(T+2)\right)$

(6) $T < 0.053 \ (T < 38 - 12\sqrt{10})$

$\boxed{16}$　(1) $L(s) = \dfrac{10K}{s+1}e^{-s}$

(2) $L(j\omega) = \dfrac{10K}{1+j\omega}e^{-j\omega}$ より，$|L(j\omega)| = \dfrac{10K}{\sqrt{1+\omega^2}}$，$\angle L(j\omega) = -\arctan\omega - \omega$

(3) $K < \dfrac{\sqrt{1+\omega_\pi^2}}{10}$

(4) むだ時間 τ が大きくなると位相遅れが増大するので，フィードバック制御系の位相余裕が減少し，不安定になりやすい．

付録D 参考文献

　本書では，制御に関するさまざまな著書，論文を参考にしたが，その中で代表的なものだけを以下に列挙する.

[1] 樋口龍雄：「自動制御理論」，森北出版, 1989.

[2] 小林伸明：「基礎制御工学」，共立出版, 1988.

[3] 杉江・藤田：「フィードバック制御入門」，コロナ社, 1999.

[4] 片山　徹：「新版 フィードバック制御の基礎」，朝倉書店, 2002.

[5] 北森俊行：「制御系の設計」，オーム社, 1991.

[6] 須田信英ほか：「PID 制御」，朝倉書店, 1992.

[7] 大須賀・足立：「システム制御へのアプローチ」，コロナ社, 1999.

[8] 野波・水野 編：「制御の事典」，朝倉書店, 2015.

[9] 足立修一：「信号・システム理論の基礎——フーリエ解析，ラプラス変換，z 変換を系統的に学ぶ」，コロナ社, 2014.

[10] 足立修一：「システム同定の基礎」，東京電機大学出版局, 2009.

[11] G. F. Franklin, J. D. Powell and A. Emami-Naeini : *Feedback Control of Dynamic Systems* (6th edition), Addison-Wesley Publishing Co., 2011.

[12] K. J. Åstrom and R. M. Murray : *Feedback Systems: An Introduction for Scientists and Engineers*, Princeton University Press, 2008.

[13] F. Golnaraghi and B. C. Kuo : *Automatic Control Systems* (9th edition), Wiley, 2009.

[14] K. Ogata : *Modern Control Engineering* (5th edition), Prentice-Hall, 2009.

[15] J. C. Doyle, B. A. Francis and A. R. Tannenbaum : *Feedback Control Theory*, Macmillan Publishing Co., 1992.

索引

■ 数字

0 型の制御系　200
1 型の制御系　200
1 次遅れ系　47
1 次遅れ要素　47, 91
1 次進み系　53
1 次進み要素　53, 92
1 自由度制御系　139
1 デカード　83
2 型の制御系　200
2 次遅れ系　54
2 次遅れ要素　54, 95
2 自由度制御系　140

■ B

BIBO 安定　142

■ D

δ 関数　23

■ L

LTI システム　34

■ M

M ピーク値　97

■ N

n 次系　41

■ P

PD 補償器　220
PID 補償　220
PI 補償器　219
P 制御　217

■ S

s 平面　8

■ あ

アドバンストループ整形法　221
アナロジー　7
安定　142
　　——行列　152
　　——限界　11, 147

■ い

行き過ぎ時間　58, 181
行き過ぎ量　58
位相　21
　　——遅れ補償　218
　　——遅れ要素　91, 94
　　——進み遅れ補償　220
　　——進み補償　219
　　——進み要素　88, 94
　　——線図　83
　　——特性　77
　　——平面　109
　　——余裕　175
一巡伝達関数　134
位置フィードバック　240
因果信号　22
インパルス応答　36
インプロパー　41

■ お

オイラーの関係式　21
遅れ時間　181
折線近似法　88
折点周波数　88

■ か

外部記述　106
外乱　131
　　——抑制　131

開ループ伝達関数　134
角周波数　5
重ね合わせの理　33, 34
加算器　71
過制動　56
片側指数信号　24
片側正弦波信号　24
過渡応答　180
過渡特性　179
還送差　156
感度関数　198

■き

北森法　243
既約　144
逆応答　187
逆システム　90, 131
共振　190
　──周波数　96, 190
極　8, 29, 41
極座標表現　21
極零相殺　133, 156
近似微分要素　45, 88

■け

係数倍器　71
ゲイン線図　83
ゲイン特性　77
ゲイン補償　217
ゲイン余裕　175
減衰性　181
減衰比　54
現代制御　246
厳密にプロパー　41, 109

■こ

高域通過フィルタ　89
広帯域化　190
固有角周波数　10, 54
根軌跡　193
　──法　160
コントローラ　130
コントロール　1

■さ

サーボ　130
　──系　201

最小位相系　98, 187
最大行き過ぎ量　181
参照信号　130
参照モデル　233
　──法　233

■し

時間領域　37
システム　4, 33
　──同定　17, 102
持続振動　56, 59
実現　122
時定数　45, 47
時不変システム　34
時変システム　34
遮断周波数　91
自由応答　119
周波数応答　77
　──の原理　34, 77
周波数伝達関数　77
周波数特性　77
周波数領域　74
出力フィードバック　245
出力方程式　108
状態空間表現　108
状態遷移行列　117
状態フィードバック　246
状態変数　106
状態方程式　108
情報の世界　14
信号　4

■す

数学モデル　17, 33
ステップ応答　8, 34
　──試験　179
ステップ入力　8

■せ

正帰還　72
制御　1
　──系　129
　──系設計　15
　──系設計仕様　210
　──則の設計　15, 16
　──対象　130
　──入力　130

———量 130
正弦波掃引法 102
整定時間 48, 181
性能 179
積分 232
———器 46, 71
———要素 46, 90
絶対可積分 143
絶対値 21
ゼロ状態応答 119
全域通過関数 97
全域通過フィルタ 137
線形システム 34
線形時不変システム 34

■そ
操作量 130
相補感度関数 198
速応性 181
速度フィードバック 240

■た
帯域幅 92, 137
第一原理モデリング 17
代数的に等価 116
ダイナミクス 4
代表極 182
代表根法 184
代表特性根 182
ダイポール 187
たたみ込み積分 28, 37
立ち上がり時間 181
単位インパルス信号 23
単位ステップ応答 34
単位ステップ信号 24
単一フィードバック接続 64
単位ランプ信号 24
ダンパ 6

■ち
直流（DC）ゲイン 45
直列接続 62
直列補償 133
直結フィードバック制御系 133
直結フィードバック接続 64
直交座標表現 20

■て
低域通過フィルタ 91, 137
定位系 200
低感度化 138, 199
定常位置偏差 200
定常応答 180
定常加速度偏差 201
定常ゲイン 45, 180
定常速度偏差 201
定常特性 179
適切 171
デシベル表示 82
デルタ関数 23
伝達関数 5, 40

■と
等加速度運動 8
動作点 34
動特性 4
動力学 4
特性根 41, 144
特性多項式 144
特性方程式 8, 41, 144
トレードオフ 199

■な
ナイキスト線図 86
内部安定 172
———性 171
内部記述 106
内部モデル原理 208

■に
入出力安定 142
ニュートンの運動方程式 4

■は
パーセントオーバーシュート 181
バイプロパー 41
パデ近似 61, 101
バネ 6
———・マス・ダンパシステム 6
バンド幅 92, 188

■ひ
ピークゲイン 97, 188, 190
ピーク周波数 96, 190

284　索引

非最小位相系　100, 187
非線形システム　34
左半平面　8
微分　232
　　——器　45
　　——要素　45, 86
比例　232
　　——コントローラ　12, 137
　　——制御　217
　　——要素　86

■ふ _____

不安定　8
　　——系　129
　　——な極零相殺　173
フィードバック　135
　　——制御　11
　　——接続　63
　　——補償　134
負帰還　72
不足制動　56, 57
物理の世界　14
部分的モデルマッチング法　235
部分分数展開　29
プラント　130
プロセス制御　232
ブロック線図　4, 62
プロパー　41

■へ _____

閉ループ伝達関数　12, 134
並列接続　63
ベクトル軌跡　84
偏差　11
　　——信号　134

■ほ _____

ボード線図　82, 85
補償器　130

■ま _____

マイナーフィードバックループ　240
マス　6

■む _____

むだ時間　26
　　——要素　61, 97
無定位系　200

■め _____

メカトロニクス　17, 66

■も _____

モード　145
　　——展開　145
　　——展開表現　180
目標値　130
　　——追従　130
モデリング　6, 33
モデルの不確かさ　132

■ゆ _____

有界な　142

■ら _____

ラウス＝フルビッツの安定判別法　150
ラウス数列　150
ラウスの安定判別法　150
ラウス表　149
ラプラス変換　22

■り _____

留数　29
臨界制動　56, 57

■る _____

ループ整形　211
　　——法　221

■れ _____

零点　29, 41
レギュレータ　130

■ろ _____

ロールオフ特性　212
ロバスト安定性　211
ロバスト性　132

【著者紹介】

足立修一（あだち・しゅういち）

学　歴	慶應義塾大学大学院工学研究科博士課程修了，工学博士（1986 年）
職　歴	(株)東芝総合研究所（1986〜1990 年）
	宇都宮大学工学部電気電子工学科 助教授（1990 年），教授（2002 年）
	航空宇宙技術研究所 客員研究官（1993〜1996 年）
	ケンブリッジ大学工学部 客員研究員（2003〜2004 年）
現　在	慶應義塾大学理工学部物理情報工学科 教授（2006 年〜）

制御工学の基礎

2016 年 4 月 20 日　第 1 版 1 刷発行　　　　ISBN 978-4-501-11750-4 C3054
2022 年 2 月 20 日　第 1 版 4 刷発行

著　者　足立修一
　　　　©Adachi Shuichi 2016

発行所　学校法人 東京電機大学　〒120-8551　東京都足立区千住旭町 5 番
　　　　東京電機大学出版局　Tel. 03-5284-5386(営業) 03-5284-5385(編集)
　　　　　　　　　　　　　　Fax. 03-5284-5387 振替口座 00160-5-71715
　　　　　　　　　　　　　　https://www.tdupress.jp/

JCOPY ＜(社)出版者著作権管理機構 委託出版物＞
本書の全部または一部を無断で複写複製(コピーおよび電子化を含む)すること
は，著作権法上での例外を除いて禁じられています。本書からの複製を希望され
る場合は，そのつど事前に，(社)出版者著作権管理機構の許諾を得てください。
また，本書を代行業者等の第三者に依頼してスキャンやデジタル化をすることは
たとえ個人や家庭内での利用であっても，いっさい認められておりません。
［連絡先］Tel. 03-5244-5088，Fax. 03-5244-5089，E-mail : info@jcopy.or.jp

制作：(株)グラベルロード　　印刷：三美印刷(株)　　製本：誠製本(株)
装丁：齋藤由美子
落丁・乱丁本はお取り替えいたします。　　　　　　　　　Printed in Japan